高职高专土建类系列教材

建筑装饰工程技术专业

建筑装饰表现技法

第 2 版

王文全　编著

机械工业出版社

本书是按照高职高专建筑装饰工程技术和相关专业的教学基本要求编写的，主要内容包括：建筑装饰岗位与设计表现能力的关系、造型基础与设计表现技法的关系、钢笔表现图技法、淡彩表现图技法、建筑装饰草图绘制技法与应用。

本书可作为高职高专、成人教育、远程教育的建筑装饰工程技术专业的教材，也可作为高等教育建筑学专业、环境艺术专业的教学参考书和建筑装饰行业设计人员的继续教育、岗位培训的教材和参考用书。

图书在版编目（CIP）数据

建筑装饰表现技法/王文全编著. —2 版 .—北京：机械工业出版社，2015.9（2023.1 重印）

高职高专土建类系列教材 . 建筑装饰工程技术专业

ISBN 978-7-111-50960-8

Ⅰ.①建… Ⅱ.①王… Ⅲ.①建筑装饰－建筑制图－绘画技法－高等职业教育 Ⅳ.①TU204

中国版本图书馆 CIP 数据核字（2015）第 168295 号

机械工业出版社（北京市百万庄大街 22 号 邮政编码 100037）
策划编辑：张荣荣 责任编辑：张荣荣 刘欣宇
版式设计：霍永明 责任校对：黄兴伟
封面设计：张 静 责任印制：张 博
保定市中画美凯印刷有限公司印刷
2023 年 1 月第 2 版第 3 次印刷
184mm×260mm·10 印张·243 千字
标准书号：ISBN 978-7-111-50960-8
定价：49.00 元

电话服务 网络服务
客服电话：010-88361066 机 工 官 网：www.cmpbook.com
　　　　　010-88379833 机 工 官 博：weibo.com/cmp1952
　　　　　010-68326294 金 书 网：www.golden-book.com
封底无防伪标均为盗版 机工教育服务网：www.cmpedu.com

第 2 版前言

行业的发展取决于市场经济发展的态势，装饰业也同样如此，而行业是否具备较强的市场竞争力，我认为其关键在于人力资源的结构与品质。装饰行业对人才标准讲求知识的复合型，基于这一特征，在《建筑装饰表现技法》一书的再版撰写过程中，一改第 1 版以基础技法为核心的写作思路，本着与时俱进的态度构架本书再版的大纲框架，形成了以对应职业岗位人才需求标准为目标，以服务工程项目必备能力为本位，以职业岗位工作过程为导向的写作宗旨。

本教材在总体结构安排上充分考虑了应用技能型人才培养的目标，考虑之前已开设的对应基础课程和后续设置的项目课程设计理论知识点、应用技能点的实际，本着理论与实践相结合，根据行业企业职业岗位特性，以必需和实用、够用为度，侧重于钢笔表现和淡彩表现能力部分，同时增加了草图创意与表达知识点与技能点部分，架构起表现技法与工作实践相结合的完整知识链。本书的各章节都插入了编者在教学活动中所做的演示教学手稿，旨在为从事本课程教学的老师们提供一种教学方式以供参考，并且在每一章后，增加了一定量的实训图例以供课程实训。

本教材的编写是以建筑装饰工程技术设计的职业岗位能力形成的要素规划知识模块，涵盖了造型基础与设计表现技法、钢笔表现图技法、淡彩表现图技法、草图绘制技法四个方面作为教材核心内容，通过知识能力描述、步骤和实训案例指导学生如何运用正确的思维方式和表现方法从事岗位工作。

本教材再版编写时考虑到原教材存在的层次、体例等差异，为了形成知识结构的系统性和教材的严谨性，由湖南城建职业技术学院王文全老师独立完成。教材的 200 多幅插图系出自王文全老师一人，编写过程中未参考其他文献，完全出自本人多年教学实践、专业研究和项目参与的积累。

本教材如有所述观点异议，纯属个人见解。书中如有不妥之处，敬请谅解，不胜感激。

作者　王文全

目　　录

第1章　建筑装饰岗位与设计表现能力的关系

学习目标：

了解建筑装饰表现能力在装饰专业的作用，以及作为一名优秀的装饰设计人员应该掌握的核心能力。

学习重点：

建筑装饰专业不同职业岗位对装饰表现能力的针对性能力要求，以及设计人员执业需具备的基本素质与能力

学习建议：

考查相关公司，了解设计、营销、施工等岗位的技术服务方式，了解正确的学习方法，注重自身职业素质与能力的训练。

1.1　建筑装饰表现图类型及项目应用

建筑装饰表现图是以形象化的图示语言传递设计意图、阐述方案理念的一种特殊的设计图纸，也是与客户进行设计交流的有效方式，纵观建筑装饰设计的发展历程，就该方面的设计表现手法剖析，与社会的进步、观念的更新、工具的创新是分不开的。从传统的徒手表达方式到高科技手段的切入，应该说是应用设计手段的革命。但回顾设计手段创新的今天，重新反思设计领域的方方面面，我们不难发现，今天的建筑装饰设计活动从原有的单一传统工作方式到一味崇尚计算机辅助设计手段，现已步入到理性的设计时期，按设计的内容、性质对设计手段进行了分工，依据工具特质形成了方案创意、方案制作、深化设计等工作环节，构成了趋于工业化设计态势（图1-1、图1-2）。

虽然本书旨在探讨当下应用于行业的一些以手绘为表现手段的职业技能，但也有必要就建筑表现技法的类型作一简单的诠释。

1.1.1　建筑装饰表现图的类型

建筑装饰表现图是一种特殊绘画形式，它区别于其他绘画形式的最明显的特征是以实用为目标，强调以建筑室内的空间尺度、物体造型、环境气氛、陈设用品、材质肌理等的表现为内容达到解读特定空间形态的格调及艺术趣味，并有助于指导项目工程的运行。

建筑装饰表现图的类型，一般是以绘制工具划分，常用的建筑装饰表现技法包括：

1. 水彩技法表现图

水彩技法表现是运用水彩颜料、专用的水彩笔绘制的表现图，能够给人干净、明快、清新的感受。这一类表现图既有水彩的透明性，利于表现光感效果；也有技法的多样性，便于

刻画各类陈设物体；对室内环境气氛的绘制可产生形神兼备的艺术效果（图1-3）。

图1-1　手绘是方案创意阶段的表达手段

图1-2　计算机辅助解决的是深化设计阶段

图1-3　水彩技法表现图

2. 水粉技法现图

水粉技法表现是具有很强写实性技法，它对于材料的质感和室内空间感有较强的表现力和覆盖力，便于反复修改，对于物体的色彩、光影、质感、体积等方面的塑造能力强，在水粉表现图的绘制方面，不宜画得太厚，应能体现一种轻松感（图1-4）

3. 钢笔技法表现图

钢笔技法表现图是以线条为媒介表现物象，其特点是利用线条特征来塑造其形体、质地、光影、肌理等要素体现室内空间及层次感的。这一技法在室内表现图的绘制过程中，注重钢笔线条的线型韵律、线条的组合形式，力求用线准确、严谨、规整（图1-5）。

4. 彩色铅笔技法表现图

彩色铅笔是一种方便、简单、易于掌握的工具。这一技法多用于快速绘制表现图。彩色铅笔对于画面物体的细节刻画和特殊材质肌理具有较强的表现力，但在作画时应根据表现内容需求，选择画面的主体或趣味中心进行塑造（图1-6）。

图 1-4　水粉技法表现图

图 1-5　钢笔技法表现图

图 1-6　彩色铅笔技法表现图

5. 马克笔技法表现图

马克笔具有色彩明快、笔触丰富，画面生动，且表现力强的特点，适宜各种纸张的绘制。马克笔常与钢笔线条结合来绘制，根据绘制需要对两者在画面中所承担的任务有所侧重。马克笔具有以笔触韵味刻画物象的特点（图 1-7）。

马克笔同时具备简练、快捷绘制方案创意草图的优势，是设计师们乐于运用的绘制工具（图 1-8）。

6. 喷绘技法表现图

喷绘技法是借助喷笔和气泵等专业设备和特殊技术手段来绘制表现图的技法。利用这种方法绘制的表现图其特点是色彩过度柔和，明暗层次丰富，质感细腻、逼真。喷绘技法的绘制程序过于复杂和麻烦，现在一般不使用这种技法（图 1-9）。

7. 合成技法表现图

合成技法表现图是将手绘钢笔图稿扫描，再通过 Photoshop 软件进行渲染，是集徒手线条的自然流畅和计算机软件的色彩渲染有机结合表现形式。具体操作需把握两点：一是钢笔线条接口要密封，以便控制或选择上色区域；二是注重色彩、明暗渐变规律（图 1-10）。

图 1-7　马克笔技法表现图（一）

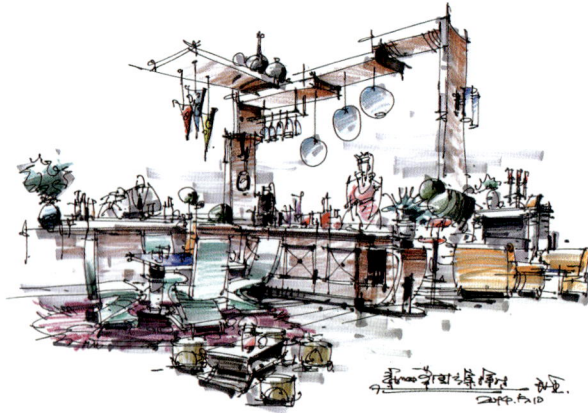

图 1-8　马克笔技法表现图（二）

图 1-9　喷绘技法表现图

8. 计算机制作效果图

计算机作为一种新型的设计工具，利用 3D 等多个软件的结合制作的趋于仿真的效果图，效果图具有真实、细致的感受，是方案确定后运用的一种图示语言表达方式，但更多体现的技术是手段，而无法替代创意的思维意趣（图1-11）。

图1-10　合成技法表现图

图1-11　计算机制作效果图

1.1.2　建筑装饰徒手表现手段在项目中的应用

对于建筑装饰专业学生，能否绘制比较完美的表现图是衡量其专业能力及综合素质的主要依据。今天计算机的普及，使很多学设计的学生对手绘表现图的认识产生了误区，以为通过键盘的敲击就能解决一切问题，实质上是不可能的，设计人员从事的建筑装饰设计活动是一种创造性工作，计算机永远也取代不了人的创作思维与个性表达。

掌握这一技能是设计师们运用图示语言思考与表达室内装饰设计方案的有效手法。按工作性质可划分为三个阶段：即前期阶段：主要应对项目的设计构思与创意，这一阶段表现图承担的是探讨新项目整体创作思路，多以草图形式出现，强调的是对空间理解与认识，主观对环境表现的评价，当属思考性表现图；其次是中期阶段：主要以解决设计过程中技术问题的研究，对于复杂物体、空间、装饰符号的处理以通过表现图反复推敲才能找出相互之间的因果关系，可视为研究性表现图；再则是后期阶段：对设计方案运用适宜的表现技法，通过线条、透视、明暗、色彩，对室内空间环境气氛进行仿真性绘制，把握真实性、艺术性两个原则，完美的表现室内空间环境的美（图1-12）。

图1-12　运用绘画艺术的相关要素，结合设计表现的
特殊语言绘制的家居多功能空间

　　作为一种徒手表现手段，在建筑装饰设计活动中并非如一般人们所认为只在于表现图的绘制，而是贯穿建筑装饰工程项目现场勘察记录、方案创意探讨、方案正图绘制、与绘图人员交流、现场施工交底等项目运行的全过程（图1-13）。

　　从建筑装饰工程技术专业的职业岗位分析，就其工作特性将表现能力涉猎的绩点可概括为以下几个方面：

　　1. 草图创意绩点

　　草图创意是对项目的意向性思考，是模糊的，不确定的遐想阶段，在近似涂鸦的过程中寻找灵感，当然这其中不乏经验的积累、素质的养成和技能的娴熟。

　　2. 方案绘制绩点

　　重在体现设计师的技法具备功力和实际应用能力，特别是面对复杂空间状态下驾驭工具、塑造物象、控制画面、创造意趣的手段。

　　3. 技术交底绩点

　　较大的建筑装饰项目，在设计运行过程中是需要通过团队协作来完成的，设计师对于方案的深化设计与施工图绘图人员周期性的技术交底需借助图示语言才能表述清楚。

　　4. 客户交流绩点

　　就家装设计而言，设计伊始的客户交流是不可缺少的环节，这一面对面的交流往往不可缺少现场运用图示语言的方式共同探讨设计意向，达成共识，以便为设计提供总体框架性依据。

图 1-13　当下建筑装饰表现服务的项目内容主要在于前期工作的意向探讨、
　　　　　方案创意、客户交流、技术交底、施工指导等方面工作

1.2　装饰专业人才培养方案的核心技能课程

1.2.1　课程的定位与性质

建筑装饰表现技法作为装饰工程技术专业的一门核心基础课程，以培养学生的动手能力为目标，注重方案创意与手绘表达能力的培养，旨在通过不同方式的技能实训使学生掌握职

业岗位所必需的方案透视图绘制、设计构思草图表现、技术交底图示表达和与客户以图交流技巧等专业应用技术服务的手段（图1-14、图1-15）。

图1-14　餐厅环境探讨

就餐空间环境风格特征的探讨需要通过表现图表达来体现，从中寻找符合设计意向的空间及家具设施构成方式

图1-15　别墅客厅风格优化

室内装饰表现图绘制能力是室内装饰岗位的核心职业能力，同时也是装饰工程技术专业学生必备的能力

1. 2. 2　课程模块构架

对于建筑装饰表现技法课程模块而言，包含了两个方面的内容，一方面基于理论为支撑，呈现明确的知识点特征；一方面侧重实践为载体，注重技能实训的能力点特性，两者有机结合，形成理论辅助、强化实践的课程特性。

1. 知识点

建筑装饰表现技法所涉及的知识点涵盖了应用透视基础、构图与形式感、色彩造型技巧、线条造型手法、钢笔表现技法、彩色铅笔表现技法、马克笔表现技法、创意草图表达方法知识点（图 1-16 ~ 图 1-18）。

图 1-16　家居客厅表现图
钢笔技法绘制

图 1-17　家居起居室表现图
彩色铅笔技法绘制

2. 能力点

建筑装饰表现技法是以训练手绘表现技能为目标，包括室内装饰方案透视图绘制、设计方案草图创意与表达、施工图构造分析草图解读、室内装饰项目快速表达应对四个方面能力点的培养（图 1-19 ~ 图 1-21）。

图 1-18　书房一角

马克笔技法绘制

图 1-19　酒店客房设计

方案创意草图

1.2.3　课程教学形式

建筑装饰表现技法课程是以技能实训为核心的实践性课程，应遵循实践为主、理论为辅的原则，强调学生的参与。鉴于此，本课程的教学形式可采取"六步教学法"，即：

第一步"讲"：就技能点涉及的理论知识，进行简要的描述，让学生能够有一个初步的印象，因为能力的培养，单单用语言去讲是解决不了问题的，关键在于如何做。

第二步"演"：教师现身说法，进行实际的操作演示，通过实践过程的表演，增强学生的直观印象，在演示的过程中结合细节的解读，让学生得以充分的认识（图 1-22、图 1-23）。

第三步"练"：安排学生参与对应的模块或技能项目进行实训，在实训活动中感受，并就实训中碰到的难点、困惑提出疑问，形成对知识的渴求。

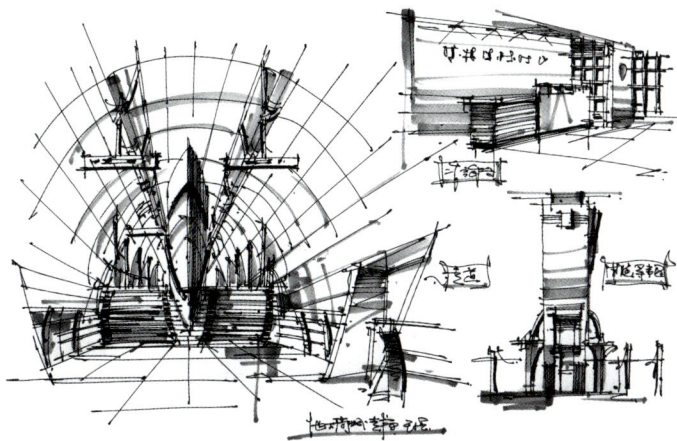

图 1-20　地下商城走廊
空间环境装饰构造及酒吧大样草图

图 1-21　别墅客厅
空间概念与细节节点构造结构图探讨

第四步"辅"：针对各位学生暴露的各种问题进行适时指导，并就普遍性问题开展课堂解读，进一步运用"讲"与"演"方式引导学生反思自我实训成果情况。

第五步"评"：以技能点"集成模块"为单元，展开综合或针对性实训成果评价，掌握学生的能力状态，同时也使学生能够了解自我学习的程度和存在的主要问题。

第六步"展"：课程所有技能模块实训结束后，通过展示的形式对学生进行综合评价，凸现学生的亮点，找准自我的专业岗位定位，为后续专业学习树立信心。

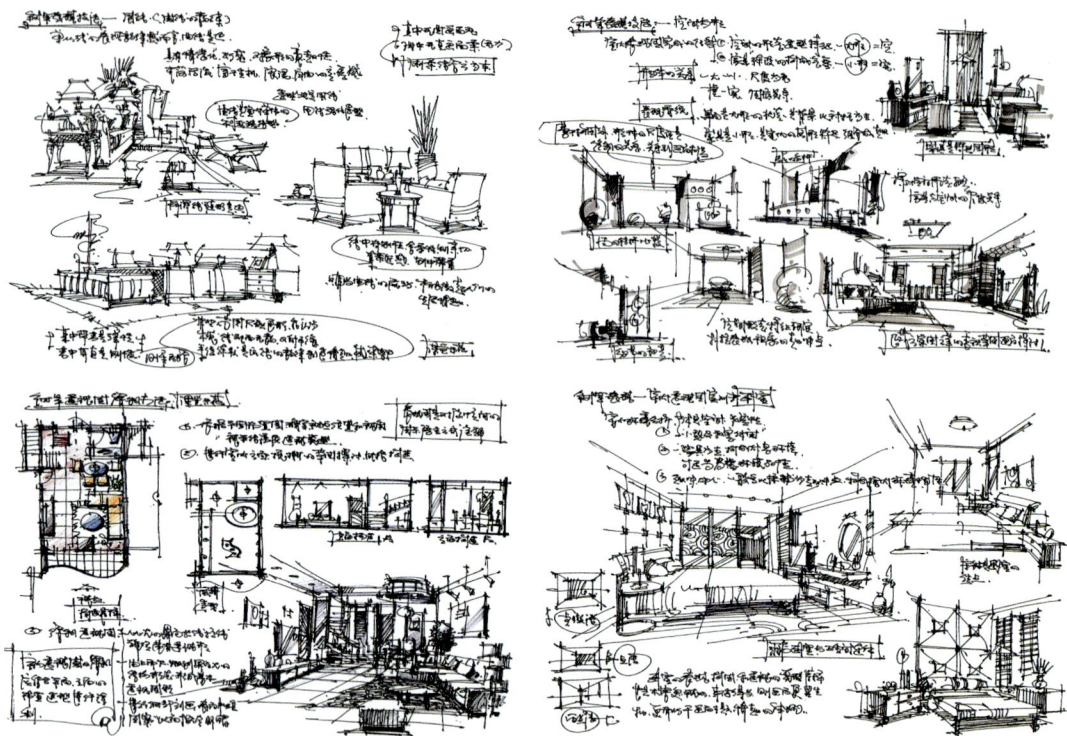

图 1-22　六步教学法中运用的讲、演教学环节，以过程示范、
知识点讲授，重点、难点提示，记录的教学过程手稿

1.2.4　课程考核标准

建筑装饰表现技法的课程考核标准主要就知识点和能力点的掌握与应用状态作为考核依据，检验学生通过课程的分阶段、划模块实训后所呈现的学习效果划分五个等级，从学习态度、学习能力、学习效果三个角度，并根据实训内容或模块的特征分解成若干知识点、能力点，以绩点的形式作为评价依据。

1. 课程考核基本指标依据

指标一：课堂（内、外）考勤情况。

指标二：作业按要求完成规定的内容、数量。

指标三：作业达到的相关质量标准状态。

指标四：作业知识点的理解与运用情况。

指标五：作业技能点操作体现的状态。

2. 课程考核等级划分

作为建筑装饰表现技法该门课程，确切地说是不能用详实的分值予以量化，只能以等级方式进行评价，评价的方式可按优、良、中、及格、不及格五个等级标准，运用成果（作业）公开展评、学生互评和教师点评的形式进行公开、公正、公平的综合性考核。

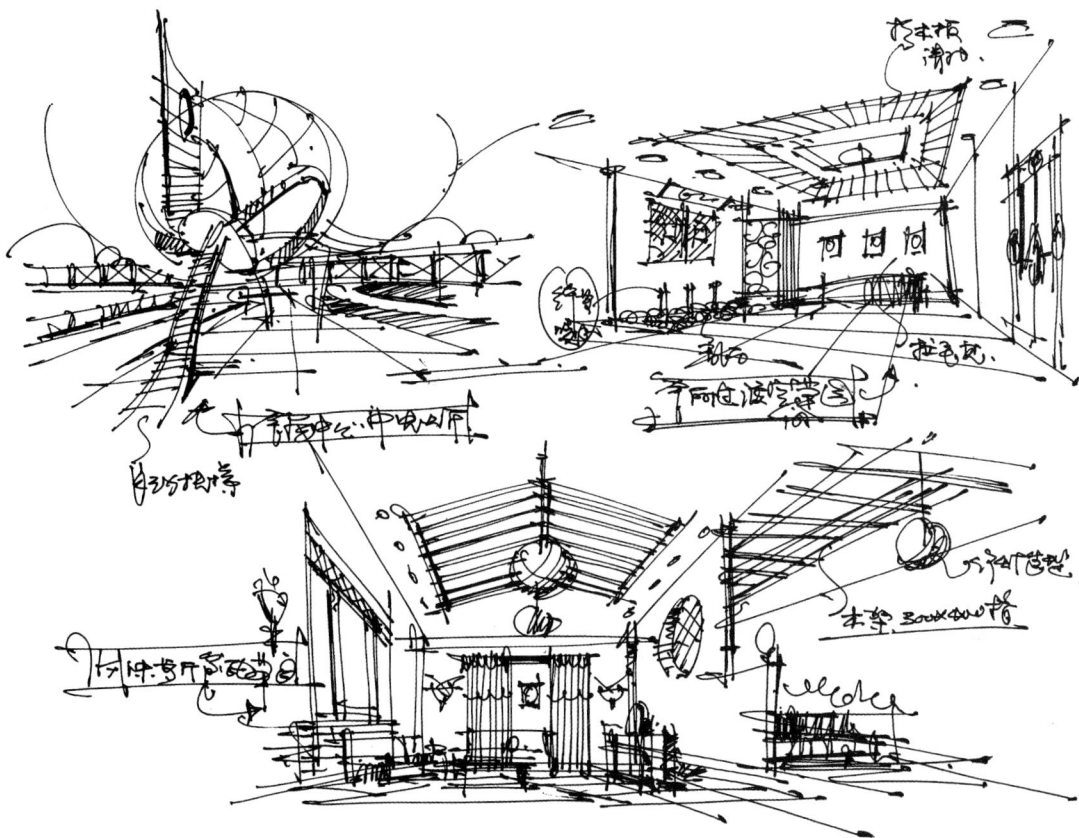

图 1-23 运用分解知识碎片，整合知识模块，结合项目创意探讨空间形态构成

3. 课程考核模块分值设计

常规课程考核分值见表1-1。

表 1-1 常规课程考核分值

项目名称	成绩（等级设置）	分值权重（%）	备 注
出勤情况	A＝20、B＝15、C＝10、D＝5～0	A＝20、B＝15、C＝10、D＝5～0	旷课、迟到早退、表现
模块考核	A＝40、B＝32、C＝24、D＝16、E＝8～0	A＝40、B＝32、C＝24、D＝16、E＝8～0	时间保证
课外实训	A＝20、B＝16、C＝12、D＝8、E＝4～0	A＝20、B＝16、C＝12、D＝8、E＝4～0	数量保证
综合展评	A＝20、B＝16、C＝12、D＝8、E＝4～0	A＝20、B＝16、C＝12、D＝8、E＝4～0	质量保证
考核成绩	出勤情况＋模块考核＋课外实训＋综合展评＝总分值		100

1.3 建筑装饰设计表现所需要的基本素养

设计人员素养如何影响到所设计作品。运用图示语言方式思考设计问题，探索设计难题是不断积累知识的有效方法，所以不可误以为表现图只是绘图的一种方式，它的价值体现在传递设计人员思想，对客观世界的理解和认识。好的表现图作品，离不开扎实的设计表现技

法。作为一名好的设计人员应具备的综合素养，可归纳为以下几个方面：

1.3.1 较强的手绘能力

手绘室内装饰表现图，不可简单的理解为绘画表现，它是一种特殊的绘画表现形式，对于应用艺术领域而言有其特殊性，也就是说在绘制手法上讲求程式化，并有一定的制约性，更强调建立在共性基础上的个性表现。同时，作画步骤和表现方式也趋理性化和概念化（图1-24）。

图1-24 酒店贵宾室，其表现图传递的是设计思想，
同时也是设计师素养的综合体现

1.3.2 较好的专业素质

室内装饰表现图的创作应符合建筑结构的逻辑性、空间形体的严密性和尺度比例的准确性。也就是说，因为只有充分理解建筑装饰构造、室内设计理念等专业方面知识的设计人员，方能较好地完成建筑装饰表现图的创作（图1-25）。

1.3.3 良好的综合素养

既然贴近了艺术，就离不开丰厚的人文素养、美学修养。一幅表现图的艺术情趣与创意点把握取决于设计人员的综合素养，所以说素养的深浅是影响设计效果的关键因素，也就是说一个好的室内装饰方案的创意与表达一定出自一位具有良好素养的设计师，素质优秀的设计师一定能够创造出好的作品（图1-26）。

图 1-25　环境饰品造型草图

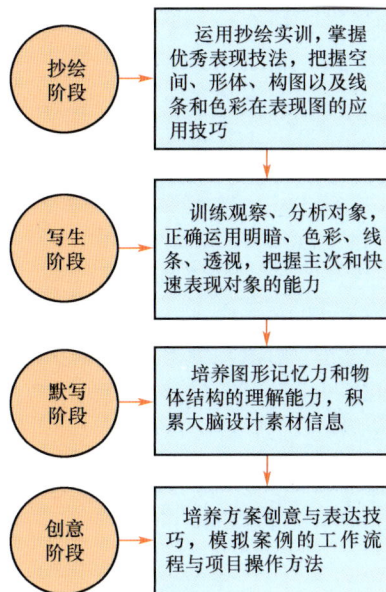

图 1-26　分段学习知识结构图

流程图内容：

- 抄绘阶段：运用抄绘实训，掌握优秀表现技法，把握空间、形体、构图以及线条和色彩在表现图的应用技巧
- 写生阶段：训练观察、分析对象，正确运用明暗、色彩、线条、透视，把握主次和快速表现对象的能力
- 默写阶段：培养图形记忆力和物体结构的理解能力，积累大脑设计素材信息
- 创意阶段：培养方案创意与表达技巧，模拟案例的工作流程与项目操作方法

1.4　建筑装饰表现的学习方法

1.4.1　"分段"训练法

第一阶段：抄绘阶段，抄绘优秀作品是最直接和有效的学习，在抄绘学习中了解物体的形体、空间概念、绘制技法。学会正确的表现手法。对于初学手绘是较为通用的学习方法（图 1-25）。

第二阶段：写生阶段，在写生学习中学会应用抄绘练习中接触的技法，逐渐融入到自己的能力之中。也可利用室内装饰写真图片进行写生练习，其目的是锻炼学生的观察能力、画面取舍能力和技法应用能力。

第三阶段：默写阶段，默写阶段旨在培训学生的图形记忆和对物体物象结构的分析理解，也是设计师必要的训练方法，对后续进行创意表达很有必要。

第四阶段：创意阶段，创意阶段是室内装饰表现学习的终极阶段，以培养学生模拟设计构思方案，通过对专业知识的学习与了解，运用所学表现技法进行方案表达的阶段。

1.4.2　"三到"学习法

一曰手到，手到就是勤于动手。因为手是具体实施表现技法的主体，只有具备了熟练的动手操作能力才能够使所绘制的笔触、色彩、造型、构图、透视等更有意趣，达到技法对内容、意境、情感的高度完美表现。

二曰眼到，眼到则是勤于观察。初画室内表现图往往会步入两种误区，一是不知该画什么，二是什么都想画，这就需训练我们的眼睛，学会观察，在平凡的环境中捕捉得以表现生活的典型物象，培养一双善于观察和审美的眼睛。

　　三曰脑到，脑到就是勤于思考。室内装饰表现图就描摹对象而言，在表现环境的同时必然要融入自己的主观感受。对物象的态度，对素材的取舍，对创意表达的情感等都取决于设计师的思想意识对表达内容的评价。

1.4.3　"模块"教学法

　　本课程是装饰工程技术专业的核心基础能力训练课程，根据课程能力的培养目标，将其所涉及的知识划分为若干个实训模块，模块包括线条运用技巧、物体几何概念解读、透视常识、画面构图、明暗与色彩关系、单体绘制、单体组合绘制技法、钢笔表现图绘制技法、彩色铅笔表现技法、马克笔表现技法、创意草图表现技法等（图1-27）。

图1-27　家居客厅

一幅完美的表现图融合了所有模块包含的知识点和技能点，
掌握了各个技能点模块才能达到得心应手的绘制

本 章 小 结

　　本章从职业岗位对学生在设计表现技能的要求进行了系统的阐述，并就该能力养成的学习方法、相关素质和教学形式作了比较详实的描述，通过学习使学生能够清楚的了解本课程的学习意义，以及如何才能练就成一名合格的行业从业人员。

实 训 内 容

1. 开展调研，了解建筑装饰表现技能对于职业岗位的作用，以及不同职业岗位对该核心技能标准的要求。

2. 设计速写实训（图 1-28 ~ 图 1-34）。

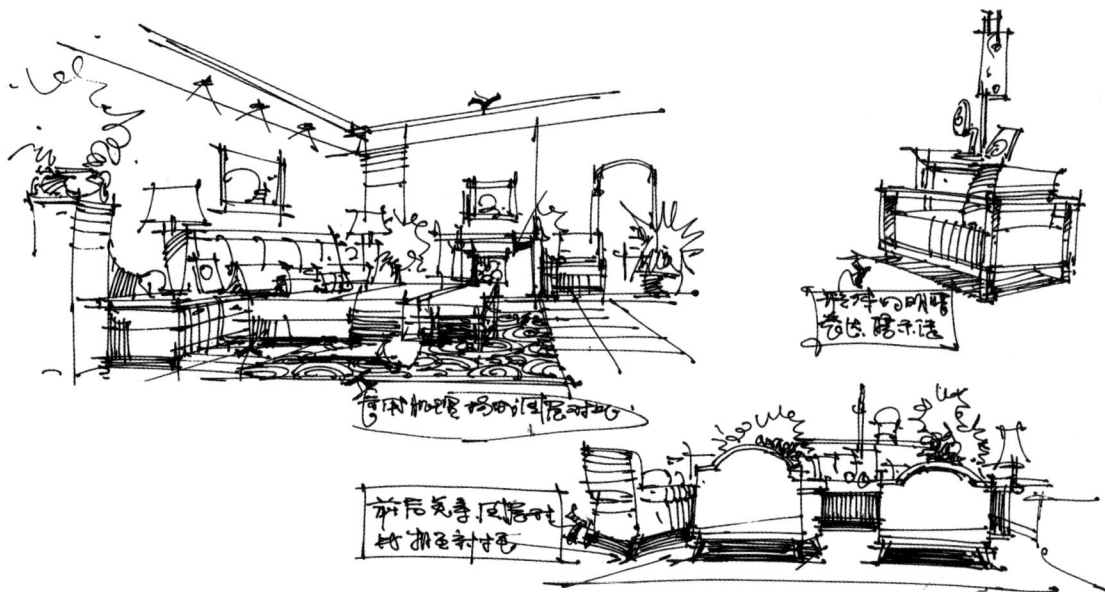

图 1-28　室内速写
透视角度与光影关系表达实训

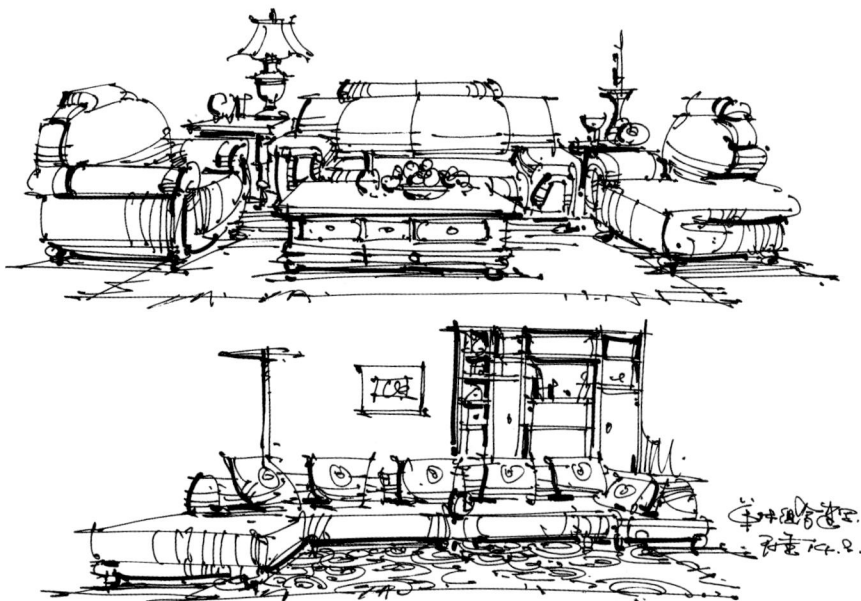

图 1-29　室内一角速写
形体结构特征分析实训

图 1-30　家具空间、起居室设计速写实训

图 1-31　家居空间、大户型客厅速写实训

图 1-32　家居室内环境速写

室内空间透视与尺度关系控制实训

图 1-32　家居室内环境速写

室内空间透视与尺度关系控制实训

图 1-33　餐厨共享空间

钢笔 + 单色实训

图 1-34　客厅空间
钢笔 + 单色实训

第2章　造型基础与设计表现技法的关系

学习目标：

把握设计表现必需的线条运用、明暗规律、色彩基础、构图手法等造型基础知识，能够较熟练地运用以上各要素，并在表现图绘制中得以正确运用。

学习重点：

掌握线条表现、透视规律、构图方法在透视图中的运用。

学习建议：

通过实训掌握一点、两点透视图的绘制技巧，了解基于空间环境明暗、色彩和构图的正确表现。

2.1　线条与造型关系

线条运用是现今手绘表现的主要手法，通过线条的类型和特征来绘制物体的形体特征，层次关系、表面肌理与用材质地。虽说工具简单，但绘制起来并不是那么易于掌握，线条中蕴含了丰富的内涵，一切都是通过线条变化来展现室内装饰表现图的风采。面对室内空间造型各异的物体以线的方式表现其所呈现的形体特征、层次变化、肌理和质感，相互关系是线条表现的奥秘。

这里所说的线条是指以钢笔为绘制工具描绘的不同形态特征的线条，在绘制过程中根据经验悟出了三匀原则，即气匀、力匀、速匀。所谓气匀就是心平气和，力匀就是笔力均匀，速匀讲的是笔行速度平稳（图2-1）。

2.1.1　线条特征与性格

1. 线条的类型

建筑装饰表现图绘制运用的线条，主要包括两大类，即直线和曲线，以及由此派生的横直线、竖直线、斜直线、折线、规则曲线、不规则曲线、弧线等多种线条，并根据所表现物体的形态特征设计线条的绘制方法，以求得所塑造的物体能够形神兼备。至于线条的表现功能就绘制的物体而言无外乎轮廓线、结构线、层次线，为塑造物体运用的长线与短线，从绘制的速度界定的快线和慢线。将不同类型的线条进行有序的组合应用于画面更能够彰显表现图的艺术魅力（图2-2）。

2. 线条的性格

室内装饰表现图所运用的是以线条造型为基本，一方面起到搭建透视图轮廓骨架的作用，另一方面对物体的表面肌理、质地、特征予以刻画，线条运用的适宜对于透视图而言更利于丰富画面情感：或刚性挺直，或悠然曲意，或热情奔放，或含蓄文雅，总之，每一个设计师经过多年的实践修炼，也自然会在线条的表现中融入不一样的个人情感要素（图2-3和图2-4）。

图2-1　线条是表现物体的基本要素，只有做到三匀才能绘制出富于底气的线条，并使其绘制的线条更能够表现物体特征

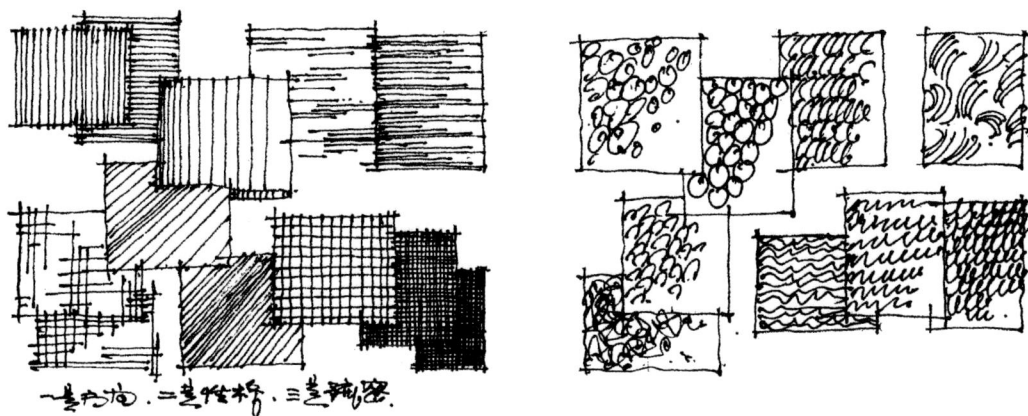

图2-2　表现图运用的线条无非直线和曲线或由其派生的多种多样线条

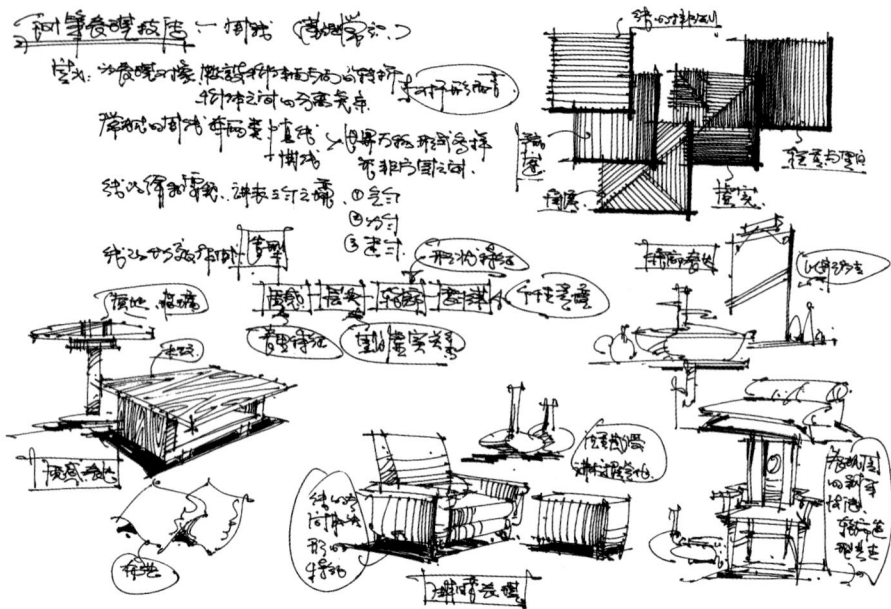

图 2-3　线条是造型的基础，是当下建筑装饰徒手绘制表现图的
主要方式（教学手稿）

图 2-4　线条作为绘制表现图的重要元素，在表现物体的形的同时
也注入了设计师的情感

2.1.2　线条的组合与层次

1. 线条的组合

手绘表现图在线条应用中除了对物体形的勾勒，就是对其体、面、肌理和材质的表现，而这一切都借助于线条的排列组合获得（图 2-5）。

2. 线条的层次

一幅以线条为要素绘制的表现图，在表现内容上无非面对三个主要矛盾：一是明暗层次，二是空间关系，三是物体与物体、物体与空间的关系。三个矛盾都是针对线条而言的。组织线条的疏密间距刻画明暗构成画面虚实层次，以线条的形态表现物体和空间结构的规律以强化形体特征，对不同景域物体表达的程度形成相互衬托与对比，以上三种表现手法是运用线条表现技巧（图2-6和图2-7）。

图 2-5　线条排列组合产生的丰富效果使钢笔
表现图绘制更具艺术感染力（一）

图 2-6　线条排列组合产生的丰富效果使钢笔
表现图绘制更具艺术感染力（二）

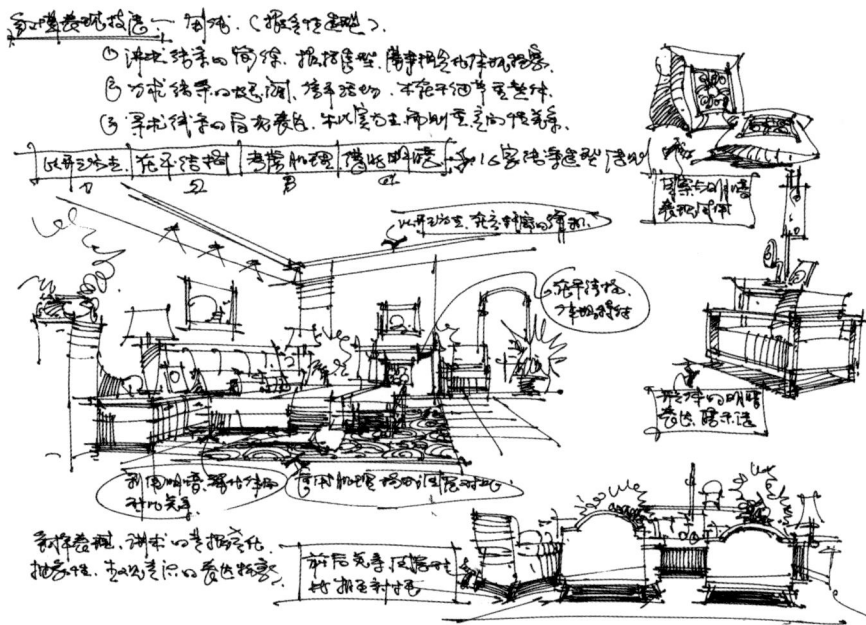

图 2-7　线条塑造层次是以线的特征和排列变化求得，
运用的是对比关系式（教学手稿）

2.2 物体的几何概念

室内装饰表现图的学习，最大的困惑是对形的把握，常常因为绘制物体的形不准确而导致没有信心继续深入，其缘由是对形概念认识不够。要想从形上突破，必须学会运用几何概念的方法来观察事物，捕捉千变万化物体的普遍规律与各自的特殊规律，这样才会窥见其中端倪，世界万物形体构成都是基于方形与圆形。

2.2.1 几何概念与造型

我们赖以生存的世界组成的物象虽形形色色，但只要你用心观测就不难发现它们的形态构成是有规律的，都是由单一或多元的大大小小、规则与不规则的几何形体构筑而成的，而将它们之间的关系逐一理顺，能感知到的只是方与圆的组合，再复杂、也不过是多样的形体基于方与圆的派生与变异而已（图2-8）。

2.2.2 形体组合与变异

从形态学的角度观察与我们生活相关的物体就会发现大多呈几何形态的排序组合，并是有规律的，其长、宽、高的比例都基于一定模数，其模数的来源是人体工程学，大到建筑给予的室内空间，小到家具和陈设品，只要我们用心琢磨，就会发现室内空间是人为有意识将不同尺度几何体进行的有机组合。室内环境中简单物体几何体概念相对明显，而复杂物体不过是多个几何体的构成或变异（图2-9）。

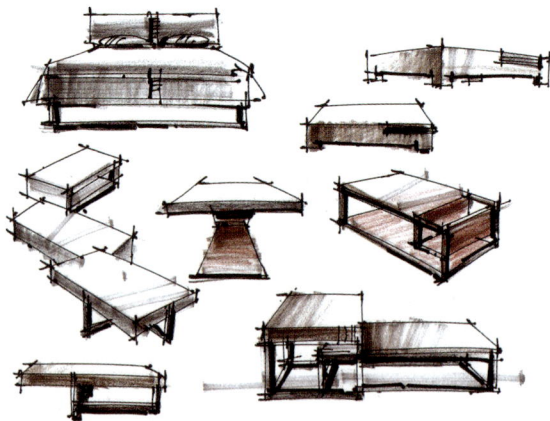

图2-8 几何体是构成一切物体的基本单元

2.2.3 形体构筑与造型

如果练就了运用几何形体概念观察物体，就不难发现所有室内空间中的物体造型都是按照人体结构特征及行为规律结合形式美感的法则而设计的，并结合细节创意和表面的美化创造的形象，也就是说这些物体是人们根据室内使用功能的需要有意识地创造，从而造就了风格各异、形态多样的室内空间环境、家具设施与陈设艺术品（图2-10～图2-12）。

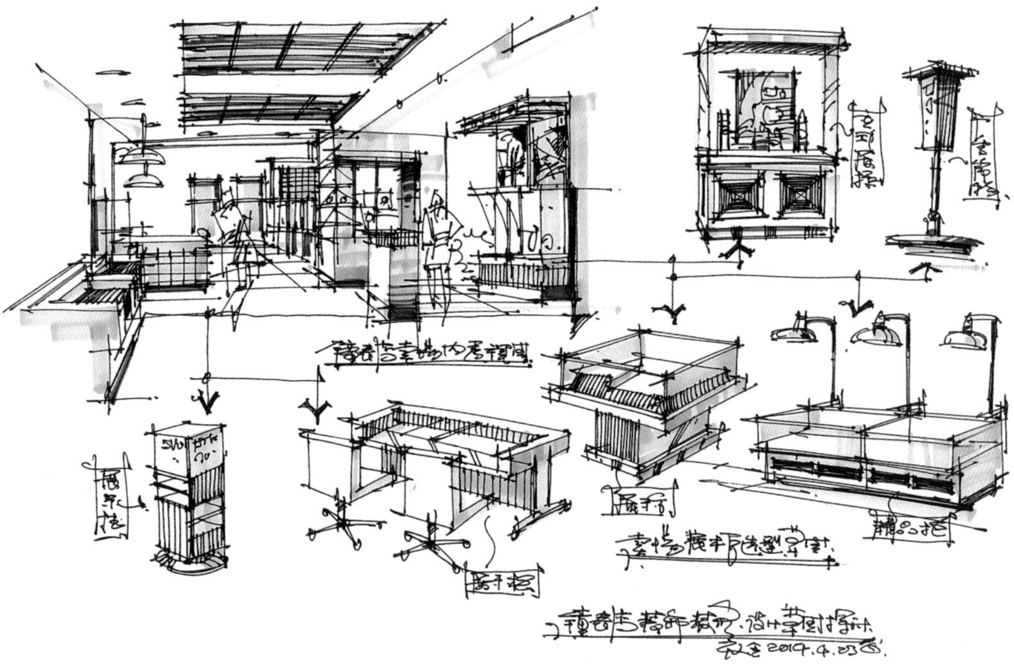

图 2-9　就室内装饰而言，大到室内空间、
小到家具陈设都蕴含着几何体的要素

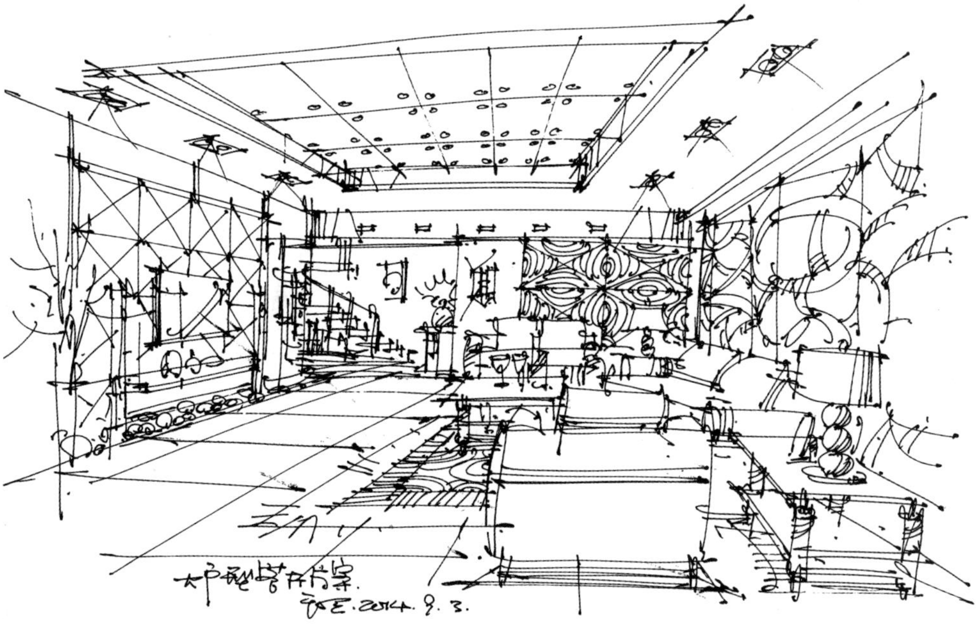

图 2-10　室内环境从空间构成到家具设施的造型都是
几何体的整合与变异

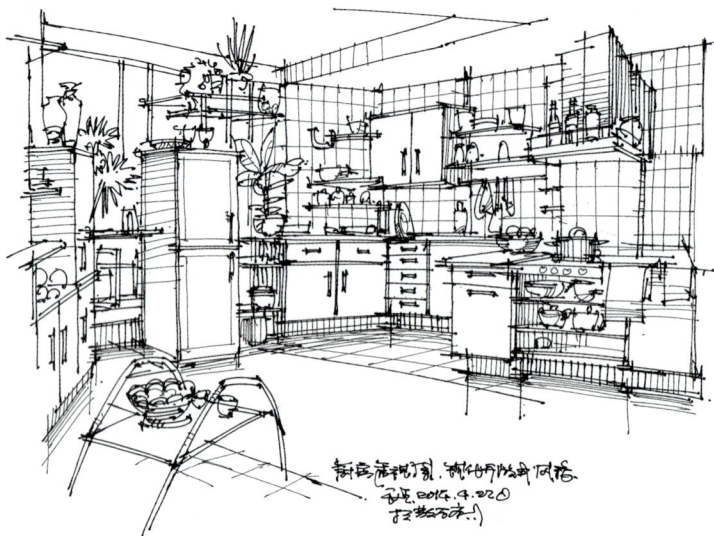

图 2-11 厨房空间构成

看是形态各异，实则内在关联，借助几何概念是把握准确绘制任何物体的秘籍

图 2-12 银行营业厅空间

了解了物体的几何形体构筑规律，绘制起来只要结合特征的变化就容易上手了

2.3 室内环境透视

2.3.1 透视现象与常识

室内装饰表现图绘制效果如何，首先取决于透视的准确性，能够客观地解读所创意的空间环境，在于设计师的透视掌控能力。我们观察物体所感悟的是透视现象，绘制依托的是透视规律，绘制的效果得益于对功能空间的理解和所运用有特色的透视类型，就透视的一般常识而言，包括透视现象和观察方式两个方面（图 2-13 和图 2-14）。

图 2-13　透视是准确绘制形体的关键要素，室内透视主要牵涉
空间尺度、家具陈设两个方面

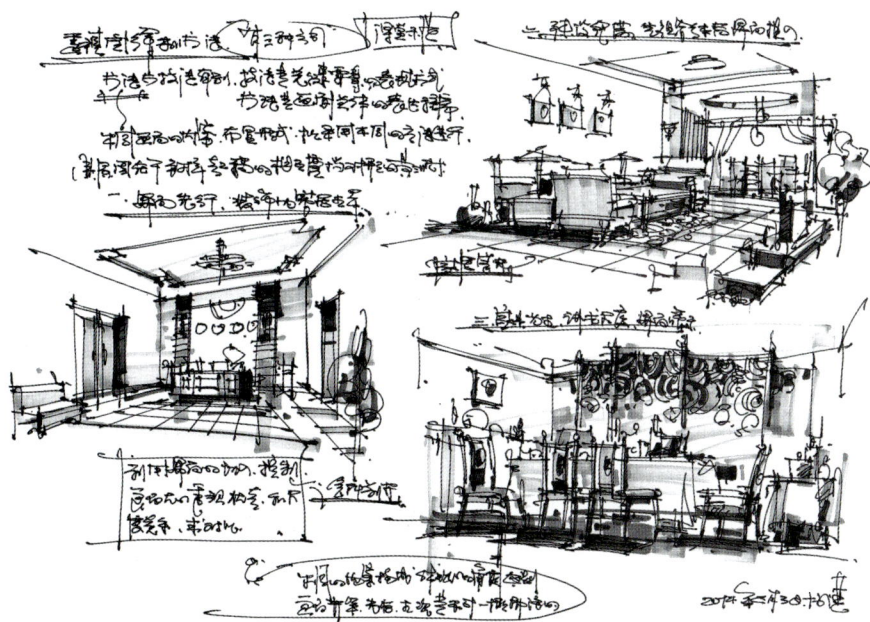

图 2-14　透视类型的选择与室内空间的形态特征和表现的
主题内涵相关（教学手草稿）

1. 透视现象

物体呈现给我们的透视现象，就是物体外在形态在视域内，由于所处远与近位置不同呈现变化的状态，即近大远小、近长远短、近实远虚、近疏远密等（图 2-15）。

2. 观察方式

两点两线是从事造型艺术设计人员观察物体运用的技术手段，以理性思考和必要的理论支撑来认识事物、剖析其形体透视的规律。关键在于正确的运用两点两线的观察方法。所谓两点两线就是我们观察物体借助的假设辅助方法（图 2-16 ~ 图 2-18）。

图 2-15　客厅与餐厅综合空间远近关系是处理透视所要触及的主要矛盾，
也是造成视觉空间的手法

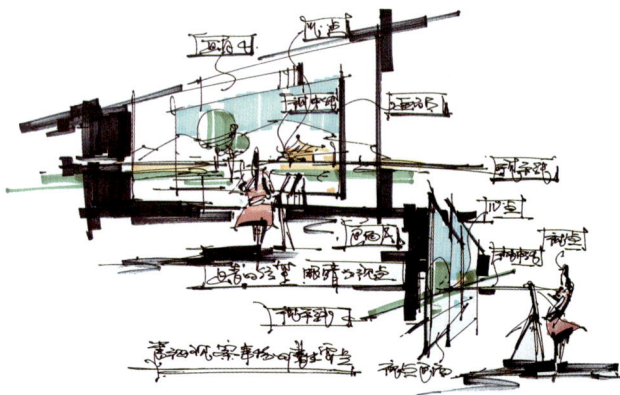

图 2-16　透视观察方法

视点：画者所处的位置，也是眼睛的位置，是可随着画者位置的移动而改变。

心点：由视点引出的视中线与视平线相交的位置，即心点。

视平线：为了观察的便利，有意识在物体前面假设的一条与视点平行的水平线。

视中线：为控制视域范围，从视点至视平线所做的一条假设垂直线。

2.3.2　透视类型与规律

对于室内装饰表现图绘制而言，透视是准确造型的关键，特别是在复杂场景绘制时，如果没有清晰的透视意识是无法控制室内空间，所以透视往往摆在表现技法学习的重要位置。就室内装饰表现图而言，一般主要运用的透视类型有一点透视、两点透视和一点斜透视三种，以下就各类透视类型予以解读。

1. 一点透视法

（1）观察方法　一点透视法是指人们在观察物体时，物体以正面的方式展现，人沿着物体正向的水平轴线移动所观察到物体产生的透视现象。

（2）基本原理

1）画面只有一个灭点。

2）物体的一个面与画面平行。

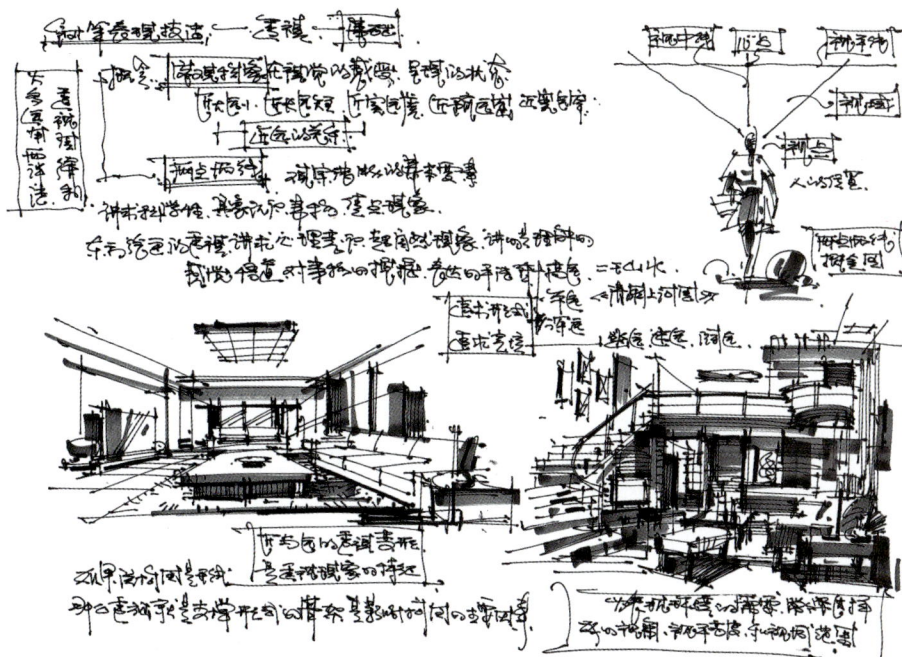

图 2-17　两点两线是设计师绘制表现图需解决透视物体所运用的
假设辅助要素（教学手稿）

图 2-18　表现图的绘制，从透视现象的感受角度探讨，一方面是形体的
准确把握，另一方面是画面远近明暗和色彩的层次表达

3）垂直线、平行线垂直、平行状态不变。

4）距视平线远近影响物体水平面的大小变化。

5）距视中线远近影响物体垂直面的大小变化（图 2-19 ~ 图 2-21）。

图 2-19　一点透视原理分析图

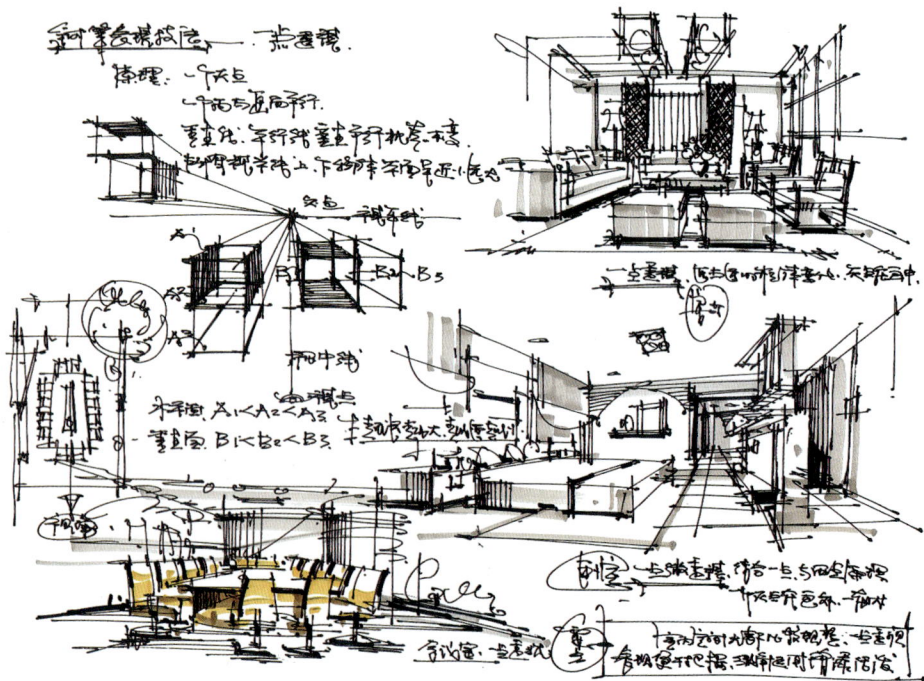

图 2-20　一点透视的环境与家具设施构成状态分析（教学手稿）

2. 两点透视法

（1）观察方法　两点透视法是指人们在观察物体时，物体以角度呈现，根据物体的角

图 2-21　一点透视法绘制的新中式风格，
画面端庄、平稳、大方，内容表现充分

度变化所观察到物体产生的透视现象。

（2）基本原理

1）画面有两个灭点。

2）物体的所有面与画面成角度。

3）垂直线垂直状态不变。

4）距视平线远近影响物体水平面的大小变化。

5）距灭点远近影响物体对应垂直面的大小变化（图 2-22 ～图 2-24）。

图 2-22　两点透视原理分析图

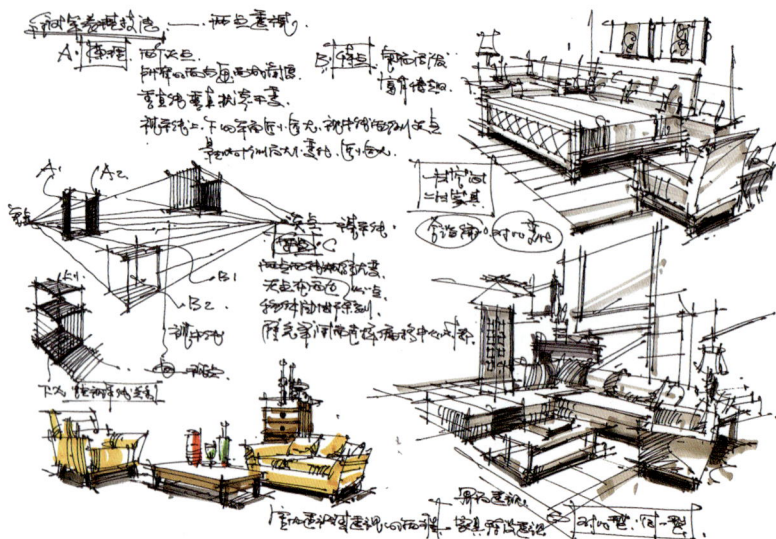

图 2-23　两点透视的环境与家具设施构成状态分析（教学手稿）

图 2-24　大户型客厅表现图
两点透视法绘制的简欧风格客厅、餐厅一体化空间环境，
画面丰满且层次丰富，功能性体现也较完整

3. 一点斜透视法

（1）观察方法　它是在观察物体时，为了不因角度变化产生的形体复杂变化带来的绘制难度，又不至于画面表现的物体过于呆板、乏味，综合一点透视和两点透视优势采用的一种透视表现方法。此种透视表现方法易于把握，又不失丰富、活泼，是室内空间环境表现的常用透视法。

（2）基本原理

1）有两个灭点，一个在画面内、一个在画面外；

2）物体纵向轮廓线消失到画面内灭点，物体横向轮廓线消失到画面外灭点；

3）垂直线垂直状态不变。

4）距视平线远近影响物体水平面的大小变化。

5）距视中线远近影响物体垂直面的大小变化（图 2-25 ~ 图 2-28）。

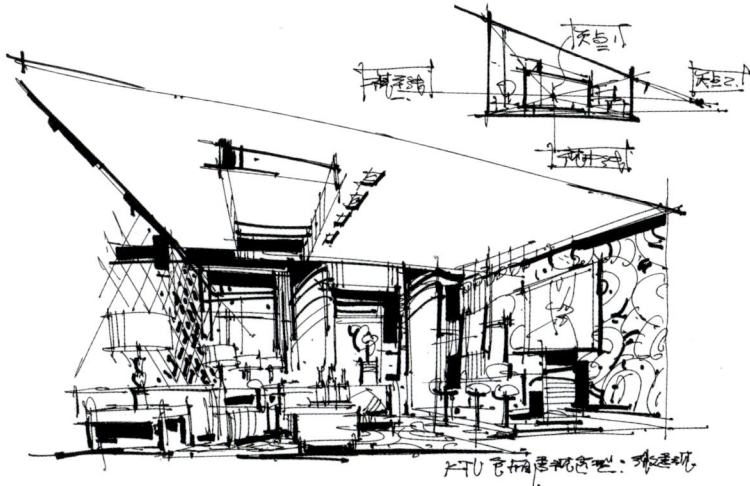

图 2-25　一点微透视原理分析图

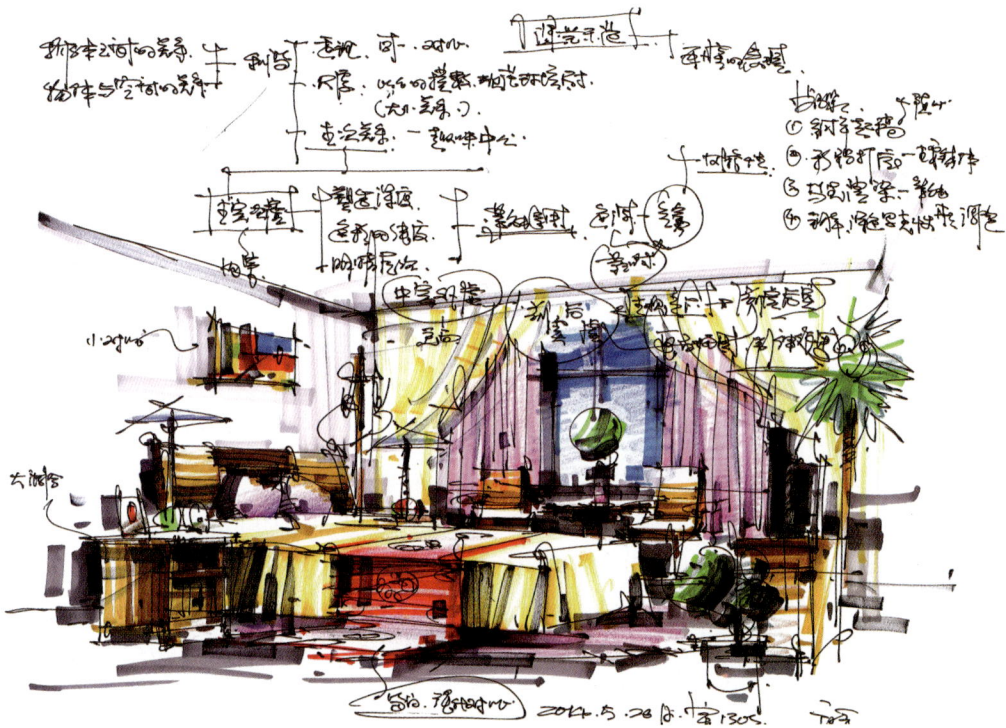

图 2-26　一点微透视的环境与家具设施构成状态分析（教学手稿）

图 2-27　一点微透视法绘制的家居客厅透视

图 2-28　运用一点微透视法绘制的酒店大堂透视图，
更能够体现狭长空间的功能分区特征

2.3.3　室内气氛与透视选型

1. 室内功能特性与透视选型

室内空间的功能体现，不仅仅在于简单的家具设施布置，透视类型的正确选择也是必要的。能够较好地诠释环境的意趣，特别是在视点确定、视平线设定，灭点的定位上处理得当，更有助于展示空间的性质，有意识地运用透视方式能够强化空间的功能特性（2-29）。

2. 室内界面与家具透视关系

室内装饰表现图绘制主要涉及室内空间的界面和家具陈设品。基于空间布置形式变化原因，透视类型也呈多样性，将主体环境形成的主要透视关系与家具陈设品的局部透视置于同一画面，二者构成的状态，取决于它们的形态构成、布置形式、表现角度，所以说既要保证总体透视的基本格局，也应顾及局部透视的特征，绘制的画面方能有形有境（图 2-30）。

图 2-29　起居室与餐厅通透性空间
室内气氛的营造与画面透视类型、绘制内容的确定有着密切的关系

图 2-30　界面是室内空间的基面，所形成的透视主宰空间大的格局，
依附于界面的家具陈设品布置形式是影响画面意趣的要素

3. 室内气氛营造与透视运用

作为室内装饰表现图的绘制要达到的目的是能够运用视觉图形语言完美地解读设计方案的意图。室内环境气氛的营造自然是不可忽视，除了构图、色彩、光影、特色的表现技巧，透视也是其中重要的要素，特别是特定室内空间在透视类型的选用上是必须用心经营、精心谋划方能出彩的（图 2-31）。

图 2-31　高耸的别墅客厅空间表达，运用一点透视法绘制，运用对称手法安排左右界面，
将视线直接引入趣味中心的壁炉装饰墙面，让画面更显大气，高雅

2.4　明暗与色彩

2.4.1　明暗与物体关系

　　因为光照射在物体表面产生的明暗效果，使我们能够感知物体的相貌，赋予了明暗的现象而显现物体的丰富的特征，所以光影是我们观察和识别物体主要条件。室内装饰表现图的

绘制自然离不开对物象明暗关系的掌控。特别是基于设计层面而言，在处理画面明暗层次问题上则不是简单意义上的素描概念，同时融入了设计师的主观因素，在光影运用与明暗表达方面着力于画面内容表达的需求、主要表现在趣味中心的体现、主要物体的强化、营造画面意趣的需要为宗旨绘制设计方案的表现图（图2-32和图2-33）。

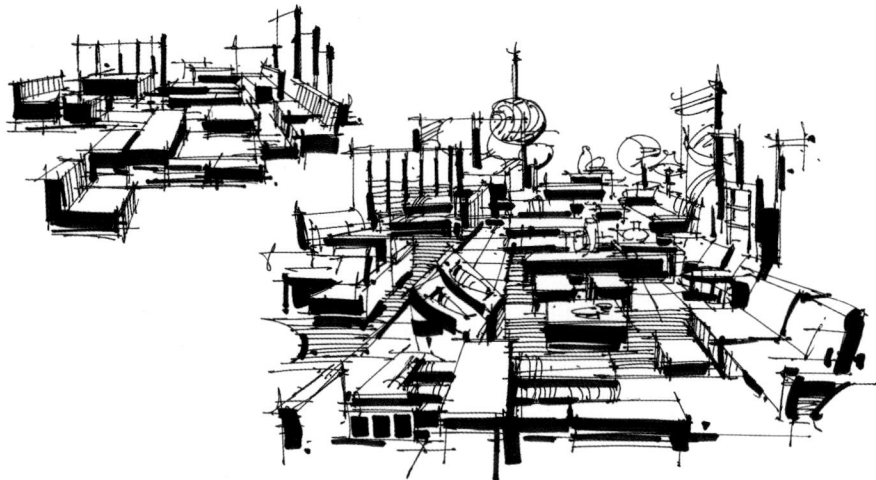

图2-32　室内装饰表现图对于明暗层次的表现注重大体关系把握，
忽略或概括表现细节

图2-33　线条表现层次在于结构刻画、肌理塑造和必要的概念性明暗排线
形成物体之间的相互对比关系

2.4.2　色彩与物体关系

我们之所以能够感知世界的万物丰富的色彩是因为光的效应，由于光的巧妙应用让室内空间及物体的色彩更加迷人。室内装饰表现图的色彩绘制，是以表现设计内容体现意境来创造画面内容色彩的，自然就赋予了主观因素，所以说色彩应用在绘制表现图中讲求的不是真实的再现而是主观的表现。在画面色彩、物体色彩的选择和搭配一般可运用如下一些手法（图 2-34、图 2-35）：

（1）为表现物体需要而强化或淡化色彩，如界面、物体大面积色彩处理。

（2）依据表现图主题特征规划总体色调，比如欧式、中式风格设计方案。

（3）为活跃画面气氛对细部加强色纯度，比如室内单体或陈设艺术品等。

图 2-34　为体现空间的开敞感采用亮色调绘制，构成清新的画面氛围

2.4.3　明暗与色彩关系

明暗与色彩关系的表达是一幅室内装饰表现图不可分割的两个并列要素。色彩既有色的深浅变化，也包含了明暗的虚实要素；二者如出一辙，关键在于绘制的灵活把握。

1. 关于明暗

对于室内装饰设计表现图而言，形是表现的关键，画面的明暗是为表现形服务的，所以对于明暗这一问题应该建立两层意识，即黑白关系意识和概念化意识。所谓黑白关系意识就是画面的明暗构成不完全是受制于光影要素，而是为突出画面主体所采取的对比与平衡要求而绘制；所谓概念化意识，即便是按照常规的明暗现象绘制也不可生搬硬套，要有的放矢，注重大体层次、构图和物体的位置比重予以绘制。

就室内装饰表现图的画面而言，在明暗层次的总体布局上不妨秉承主实次虚、中实边虚、前实后虚这一大的原则规划层次关系（图 2-36）。

图2-35 彰显纯朴乡村风情的起居室，洋溢着清新宜人的景致

2. 关于色彩

室内装饰表现图的色彩不可用写生色彩表达方式进行描绘，这是要明确的。画面色彩的绘制是必须规划的，即用色彩搭配、色彩的倾向性、色彩与主题表达的关联性等。一幅好的表现图画面色彩的配置对于空间环境而言应以能够影响主题的界面或家具色彩特征为主，以陈设品色彩为辅。对于表现物体而言以近似色为主、以对比色为辅。如果按照这一条思路绘制色彩，画面的整体色彩关系就比较易于把握。

从室内装饰表现图的画面色彩角度分析，在画面的总体色彩运用上可依据控制色调为前提，以大调和、小对比的宗旨应用色彩（图2-37）。

图2-36 建筑装饰表现图的线稿所体现的明暗层次，一是以物体表面肌理
特征描绘形成对比，二是运用光影规律体现概念性黑白灰层次

图 2-36 建筑装饰表现图的线稿所体现的明暗层次，一是以物体表面肌理
特征描绘形成对比，二是运用光影规律体现概念性黑白灰层次（续）

图 2-37 基于明暗和色彩为要素的表现图强调视觉感知，
注重夸张、概括表达空间及物体

2.5 表现图构图

构图是表现图的形式感，是方案设计表现性图纸能否打动人的第一要素。构图就是经营

表现图画面内容的布局，如何在限定的画面空间处理好景物之间关系，以求获得画面和谐、主题突出的形式美感，给人以身临其境的感受。构图的形式取决于表现的内容，好的构图能够强化画面气氛，制造功能空间情趣（图2-38、图2-39）。

图 2-38　起居室以镜面墙作为画面高点形成三角形构图有紧凑、温馨意境

图 2-39　精品服装店布置以模特为前景的水平构图绘制，呈现商品琳琅满目感受

2.5.1 构图常识

构图就是表现图的形式美感，好的构图可提升表现图品质，引起观赏者的兴趣。理想且趋于美感的构图应该包含三个方面的要素，即"险""趣""境"。其实这三点之间是不可分离，并且相互作用，虽说如此，但平衡也是不可忽略的重要因素，只有充分考虑了三个方面的要素，才能保证画面的构图在对立统一形式下趋于完美，并且画面内容刻画与构图形式的需要也有着一定的关联（图2-40和图2-41）。

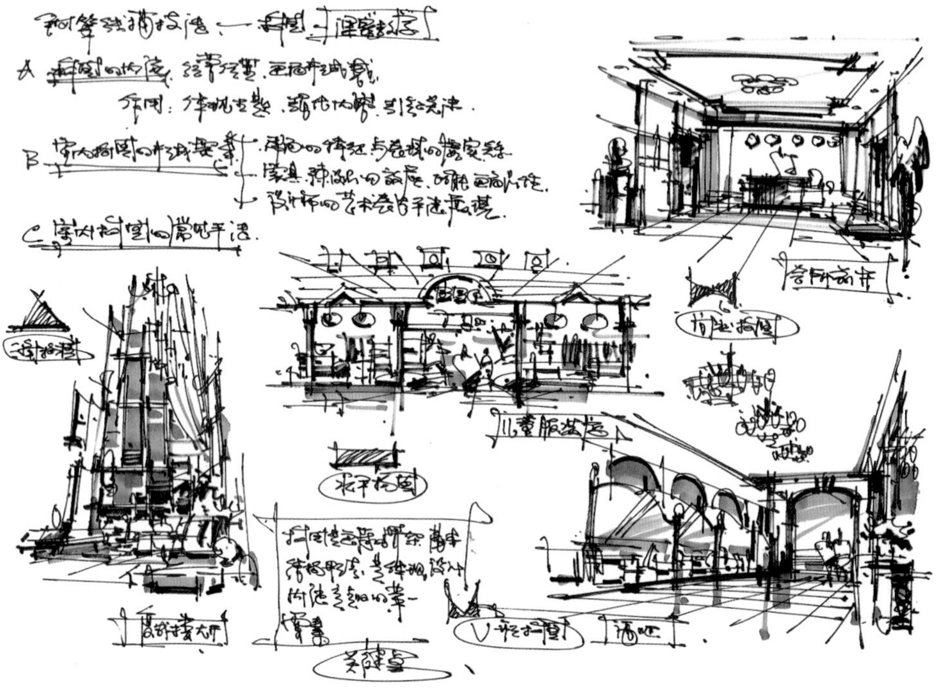

图 2-40　构图是画面内容的构成形态，
是造成形式美感的关键要素（教学手稿）

2.5.2 常见构图形式

构图形式的选择可从几个方面着手，从建筑给予的空间形态、从空间的功能特性、从设计创意思想和室内布置的方式等方面来设计画面形式。制造空间环境的情趣。常用的室内表现图构图有如下几种：

1. 三角构图

这种构图画面平稳，主体突出，中心明晰，便于室内物体布局，是一种较为常规的形式，采用三点透视更是比较易于出彩（图2-42）。

2. 竖向构图

由于绘制的室内空间较高，呈垂直线状态，为了体现其高耸、挺拔的气势而采用的构图，也可运用三点透视法来表现这一类空间环境（图2-43）。

图 2-41　斜三角形构图绘制的空间给人以延伸感

图 2-42　三角形构图用于较高的空间绘制，
能够体现环境的中心特征与画面气势

图 2-43　对于别墅类空间环境，由于装饰内容涉及各个界面，
所以绘制必须顾及全局，竖向构图应是首选

3. V 形构图

V 形构图在室内表现图的绘制运用的比较多，主要是源于室内空间环境的布置形式和装饰手法，一般大多顶棚运用的装饰考虑到人的心理因素手法趋于简单，所以重点关注的是立面造型和地面布置（图 2-44）。

图 2-44　V 形构图利于绘制室内空间左右物体
丰富，中间相对宽阔的商场、家居客厅

4. 水平构图

大多适宜一点透视表现图，画面舒展，能够较为完整的体现室内空间特征及内容，具有良好的解读性（图2-45～图2-47）。

图2-45　空间环境物体平铺直叙，需要交代清楚，
采用水平构图就易于体现

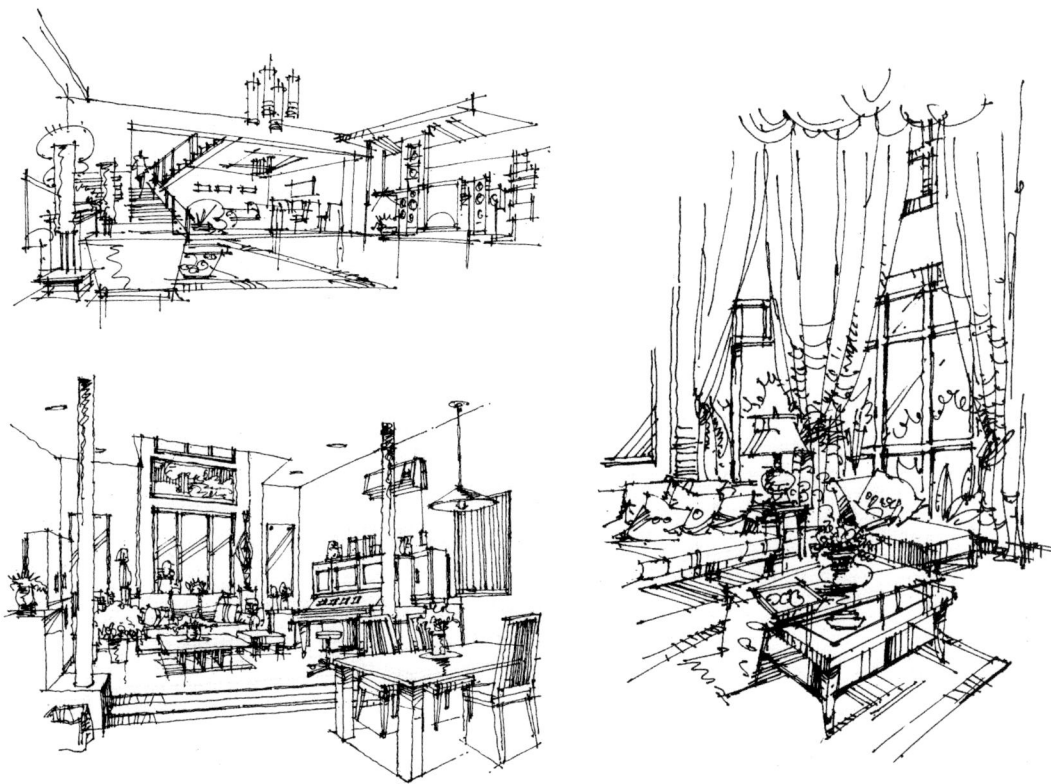

图2-46　构图的优化能够彰显室内环境的特色，更好的表现设计意图

图 2-47　水平构图利于家居空间客厅的对称性环境要素的整体表现

2.5.3　基于设计内容的构图形式应用

一幅好的表现图要具备一定的艺术品性，才能让观赏者产生视觉的快感，能够清晰了解设计意图，所以设计师在绘制表现图的初始，必须花些时间经营画面的构图形式。具体可从以下几个方面切入：一是室内空间特征、尺度；二是所要绘制的内容、位置、数量；三是趣味中心设定的位置；四是方案的总体风格特征（图 2-48、图 2-49）。

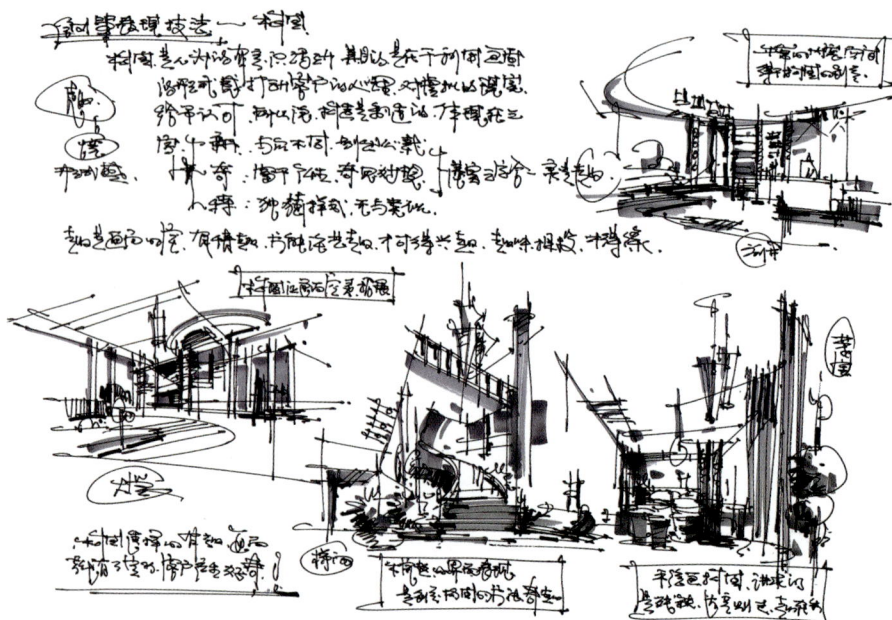

图 2-48　新、奇、特是营造构图形式感的基本原则（教学手稿）

图 2-49　较大客厅空间的构图运用向心形式能够集合视觉针对性表现空间内容

本 章 小 结

　　本章就线条与造型、透视与形体、光影与色彩、配景与空间环境四个方面知识点进行了系统的介绍，旨在让学生通过知识点的学习与实训能够掌握透视图绘制中涉及的各相关问题进行逐一了解，并能够熟练掌握，为后续完整透视图的绘制打下基础。

实 训 内 容

　　室内钢笔速写实训主要在于绘制形、结构特征和概念性层次关系（图2-50～图2-55）。

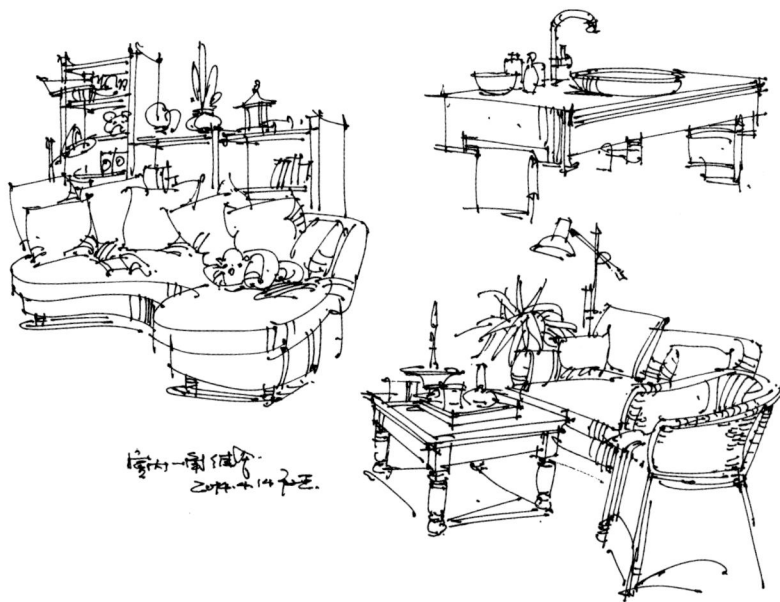

图 2-50　室内家具陈设品钢笔速写实训一

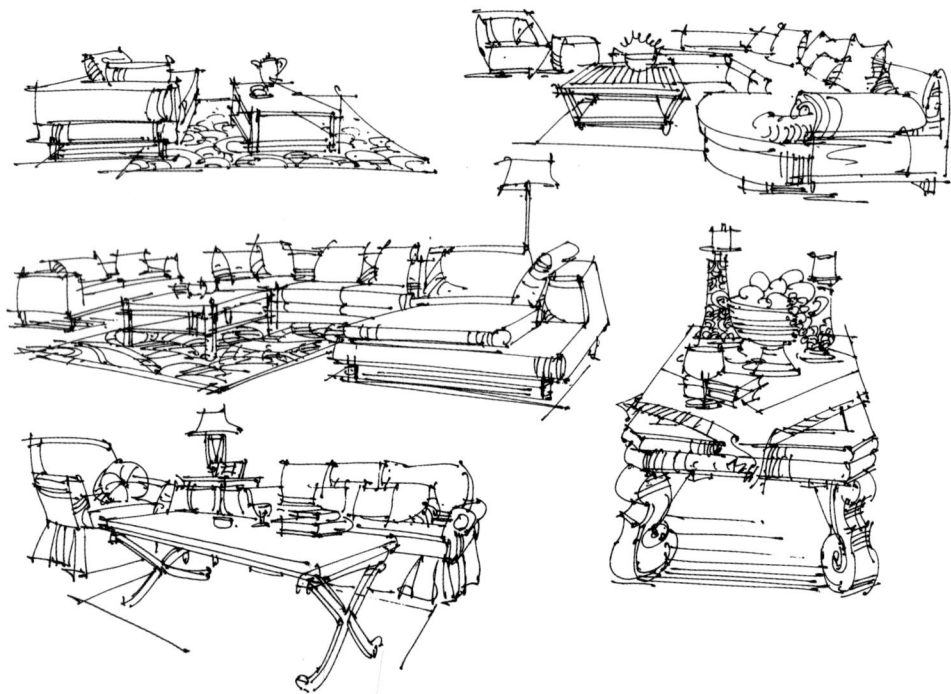

图 2-51　室内家具陈设品钢笔速写实训二

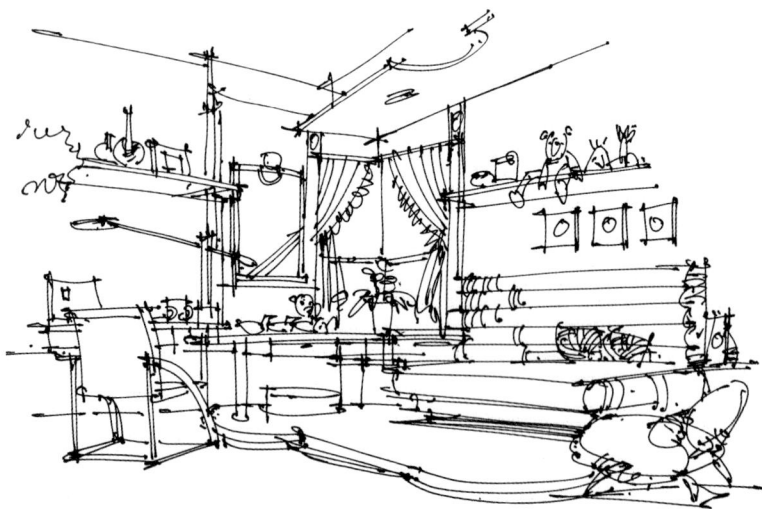

图 2-52　室内一角钢笔速写实训一

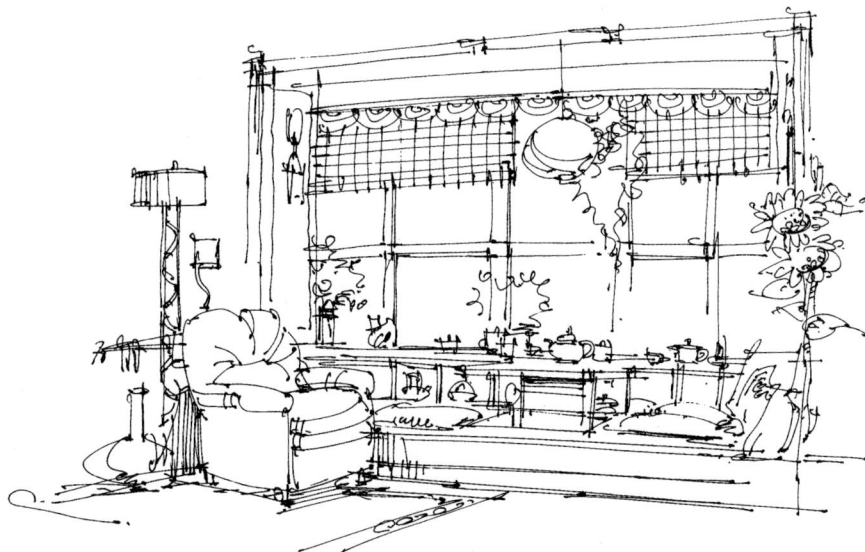

图 2-53　室内一角钢笔速写实训二

图 2-54　室内空间环境钢笔速写实训一

图 2-55 室内空间环境钢笔速写实训二

本章教学计划安排
教学课时安排

项 目 课 时		表现基础训练内容	教 学 方 法	作 业 要 求
课内	16	线条与明暗表现、认知色彩、了解构图。	实训为主、理论为辅、借助案例，提高认识。	钢笔速写 30 张。
课外	32			
合计	48	训练学生线条、透视运用能力，钢笔速写能力。		30 张

第3章 钢笔表现图技法

学习目标：

掌握钢笔表现技法的一般常识，能够比较熟练运用钢笔工具绘制不同功能空间环境的室内装饰表现图，特别是技法特性、明暗层次处理、多样性作画步骤、透视规律和构图形式的选择，同时能够运用钢笔工具对室内配景的单体、单体组合和室内一角比较熟练的绘制，并能融入到空间环境中进行灵活的表现。

学习重点：

掌握单体、组合家具的透视、尺度、风格特性的绘制技巧和室内装饰表现图绘制方法。

学习建议：

1. 考查市场，了解家具流行款式、陈设艺术品等配景的内容及造型。
2. 抄绘各类配景图形，并默记于心，积累室内透视图创意的素材。

3.1 钢笔工具介绍及表现图特点

3.1.1 钢笔表现图特点

钢笔表现图绘制，主要以钢笔为表现工具、以纸张为载体，通过单色线条的勾勒或组合构成的虚实关系，结合透视、构图等规律运用来表现物体的明暗、形体、质地，以及艺术趣味，也可谓是一种借助单一色彩表现物体形与神，介于抽象的艺术表现样式，注重的是线条概括造型能力，强调线条对形体的表现力，体现设计师从技法角度关注艺术形式的主观能动性，是与钢笔画概念的绘画有着本质的区别（图 3-1～图 3-3）。

钢笔应用于室内装饰表现图绘制早有先例，只是在此探讨钢笔表现话题则另有所指，当下基于计算机辅助设计的时代，手绘可以说从前台移居后台，扮演的角色发生了变化，工作内容产生了新的定位，所以钢笔这一快捷的绘制工具仍然受到设计师们的青睐，是设计师设计创意与表达的重要手段。

3.1.2 钢笔表现工具

1. 笔

钢笔表现工具品种繁多，性能各异，绘制的线条也可谓风情万种，若说何种钢笔表现最佳应由设计师们去评价。常用的钢笔表现图绘制用工具包括普通钢笔、滚珠笔、美工笔、针管笔、沾水笔等，至于哪一种钢笔更适宜表现，因人而宜。

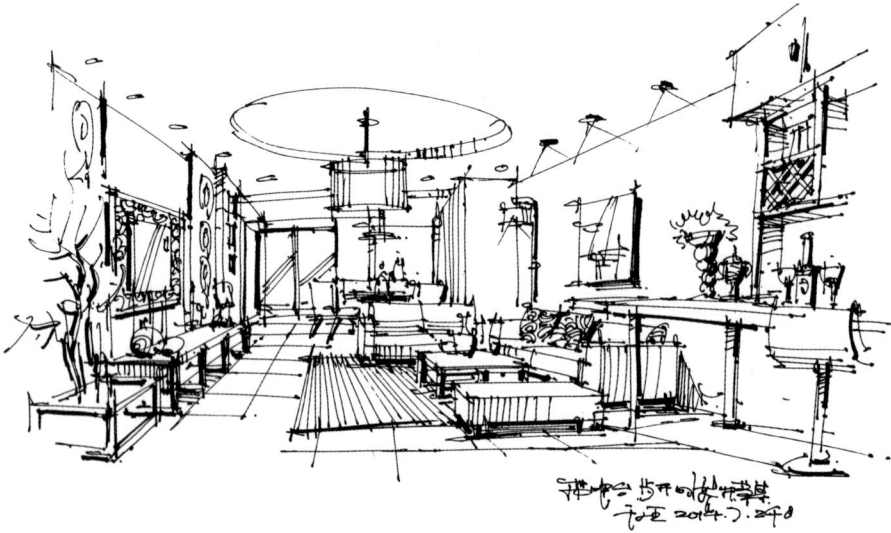

图 3-1 利用钢笔线条的粗细变化，强化物体的形态特征，将理性的思考与感性的
表达相结合，侧重功能空间的性质与气氛的表现是一种专业性绘画类型

图 3-2 酒店中庭空间
利用线条表现空间环境结构特征形成的疏密关系，构成物体之间虚实变化特征表现画面的层次

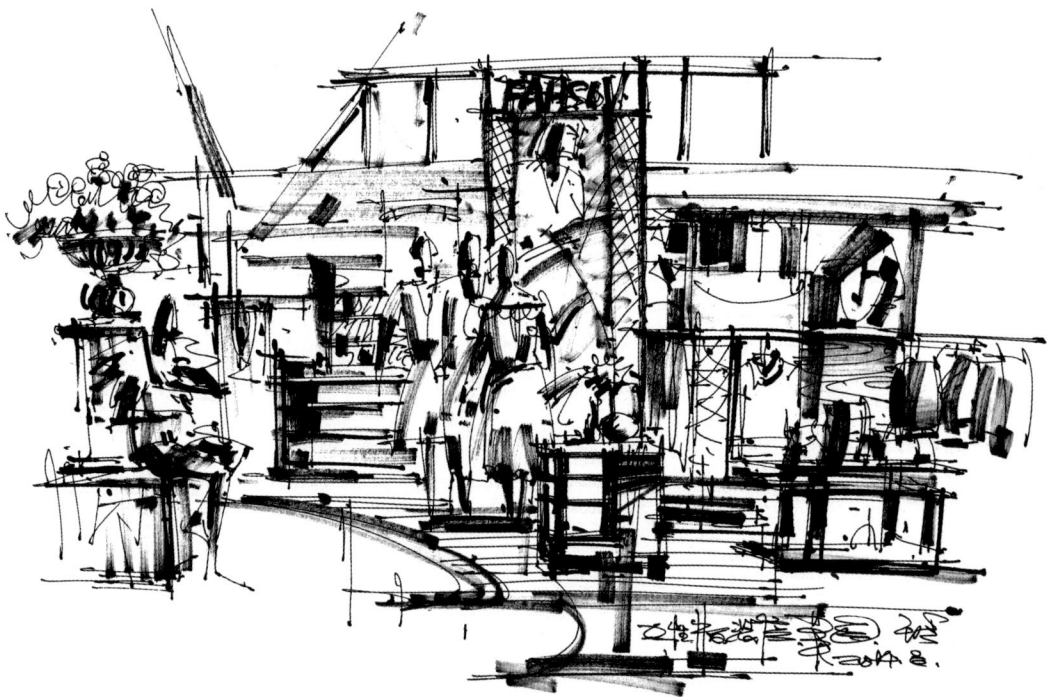

图 3-3　女性精品服装店
以钢笔线条造型为主，配合黑色马克笔宽线条的虚实变化，
快速表现创意概念的表现手法，能够增强画面的表现力和较强视觉效果

钢笔绘制表现图的墨水颜色一般多用黑色，但也有出于艺术趣味的需要选用褐色、棕色或其他颜色的墨水做画。

2. 纸

钢笔表现图的用纸选择品种不受局限，但以质地较密实、光洁、有少量吸水性能的为最佳，如绘图纸、卡纸、白板纸、复印纸等。钢笔选择白纸作画黑白对比强烈，画面效果清晰明确；使用有色纸作画，能够产生和谐而优雅的色调。

为了方便职业特征的需要，设计师为记录构思、探讨设计方案问题，随身携带的速写本就成了不可或缺的工具，其体积小，重量轻，携带方便，很适合可随时随地勾画和记录，速写本规格大小不一，可根据个人需要选择。

3.1.3　钢笔线条的造型手法

1. 表现图意趣表达与线条表现力

线条造型是钢笔表现技法特色，无论是物体的外在的轮廓勾勒、内部的结构描绘、还是物体表面的肌理构成、质地体现、块面层次刻画，都得益于千变万化的线条的特有艺术魅力。

虽然钢笔线条的形态繁多，但是概括起来无非直线与曲线两大类，其他一切变化的线条都是由此派生出来的，至于表现手法多是表现图绘制者在直线与曲线的运用上施予了不同的感受，或刚性挺直、或悠然曲意、或热情奔放，总之，每一个设计师经过多年的修炼，自然会在线条中融入不一样的情感要素（图 3-4 ~ 图 3-7）。

图 3-4　利用马克笔大小头绘制以强调别墅起居室趣味中心与周围环境的对比关系

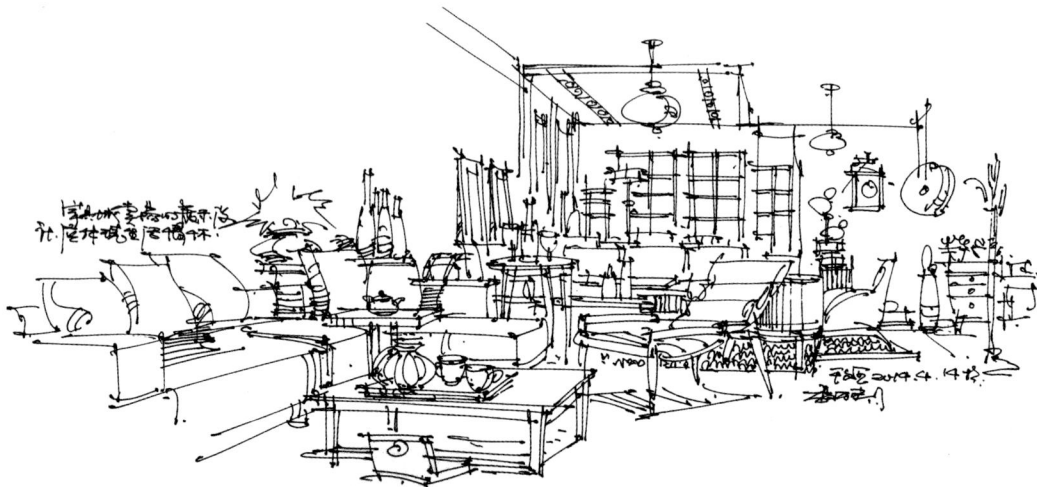

图 3-5　用 1.0 滚珠笔绘制的室内饰品购物展示空间，憨厚、圆韵线条体味着肯定与自信

图3-6　用0.5型号签字笔绘制的家具客厅，线条中流露着淡雅、清新格调

图3-7　用1.0滚珠笔采取快捷绘制的会议室，具有方案创意的草图意趣

2. 细节塑造与钢笔线形的效应

一幅钢笔表现图的绘制应考虑四个方面的因素：一是按照物体的形体结构特征排列组合线条；二是研究物体表面的肌理变化排列组合线条；三是根据物体材质的视觉感受排列组合线条；四是结合明暗构成的规律设计排列组合线条（图3-8～图3-10）。

3.1.4　钢笔表现图常用绘制手法

室内装饰表现图的钢笔表现技法主要有线描表现法和明暗表现法两种手法，选择何种手法绘制取决于表现的内容、表现的目的和绘制者的喜好，绘制手法的运用主要在于表现的目的性。

图 3-8　肌理暗示层次法

钢笔线条的排列变化从物体肌理特征着手，以象征、暗示或形象的手法
诠释物体的虚实以表现画面的层次关系

图 3-9　宽窄线型对比法

钢笔线条绘制为主、结合马克笔宽线条概括表现体块层次，
可强化透视图的画面表现力

1. 线描法

运用钢笔线描法绘制表现图以物体的形为绘制对象，主要表现外在轮廓的形和内部的结构造型，利用线条轻重产生的线条变化表现物体形的主与次，并通过前后遮挡产生的衬托

关系形成层次，获得画面的丰富效果（图3-11）。

图 3-10　疏密排列明暗法
运用钢笔线条的排列变化形成画面物体的层次关系，
达到相互衬托的对比效果

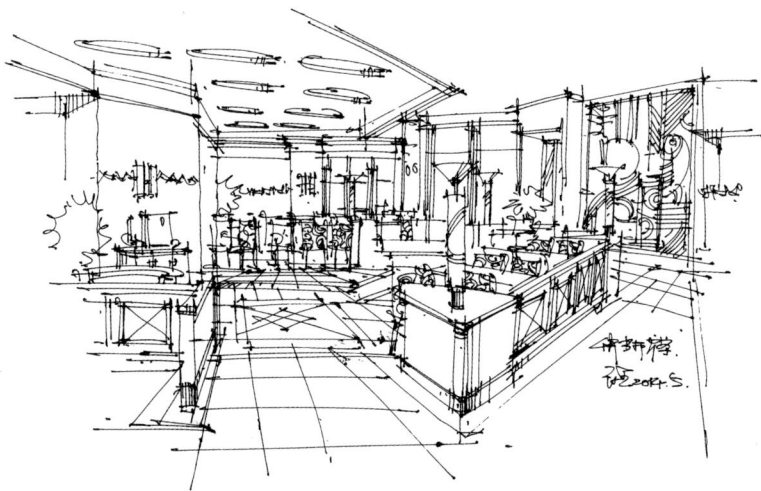

图 3-11　运用线条双勾物体内外轮廓，利用物体结构特征和表面肌理、
图案形成画面的层次感

2. 明暗法

采用钢笔线条排列形成层次绘制的表现图，是在相对严谨的线描表现基础上，为了强化物体之间的对比关系和构成丰富的画面层次感，将光影照射物体产生的明暗现象通过设计师的艺术处理所表达的画面效果（图3-12）。

3. 简笔法

简笔法，顾名思义就是用笔简练、造型概括，以强调物体和空间环境的基本特征为绘制要素，大多用于方案快速表现和创意草图的绘制（图3-13）。

图 3-12　利用线条的疏密、粗细变化以强化物体的明暗层次关系，
表现画面黑白灰的虚实层次

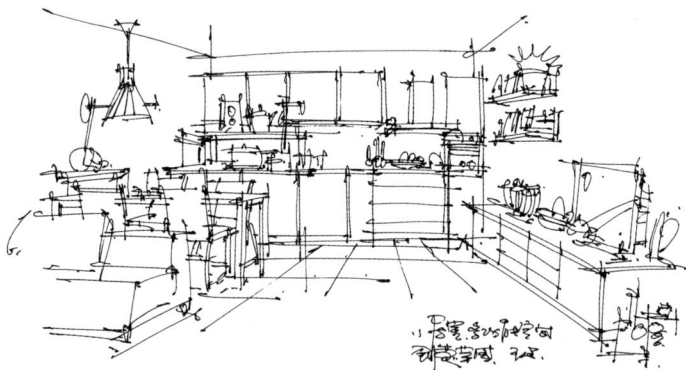

图 3-13　简笔法主要应用于方案创意阶段草图的绘制，在乎的是物体与空间形的特征体现

4. 体块法

体块法，是以简练、概括的造型为基础，运用马克笔宽笔头部分角度的灵活变化就物体、空间的大体明暗关系进行概括性表现，形成强烈的对比效果，多应用于快速草图及方案

绘制（图 3-14）。

图 3-14　利用体块的强烈黑白对比更有助于表现物体与空间的立体关系

3.2　室内家具与陈设表现

家具与陈设品具有尺度不一、形态多样、材质丰富等特征，为了便于理解与掌握家具与陈设品的绘制规律及方法，将室内单体依据构成形式和绘制难度划分为单体、单体组合、室内一角三个模块进行剖析。

3.2.1　室内单体绘制方法

室内单体绘制训练是帮助初学者学会从简单的物体入手，由简到繁的物象绘制，从单体练习入手就造型特征、尺度把握、肌理与材质等方面实训，是模块学习的基础。家具作为室内表现的主要对象，其样式的表现影响到室内的风格性；其次是陈设品，虽说不及家具在室内空间重要，但对室内情调、气氛的渲染也同样起到重要作用（图 3-15）。

1. 单体特征分析

家具特征体现在一是尺度大，几何尺寸清晰，受人体工程学制约，其式样和风格的多样性影响着空间的性质；二是品种多，包括床、桌、椅、凳、几、案、架、柜、箱、沙发等；三是环境多样，涉及生活家具、办公家具、酒店家具、餐饮家具等与功能空间密切相关的家具特性。

陈设品是影响室内气氛的重要因素。虽然尺度小，却在活化空间、平衡构图、营造氛围上起到不可忽视的作用。陈设品包括家用电器、照明灯饰、卫生洁具、生活用品、纺织品、工艺美术品、玩具、字画、书籍、盆景等，大都以依附界面或家具予以展示（图 3-16）。

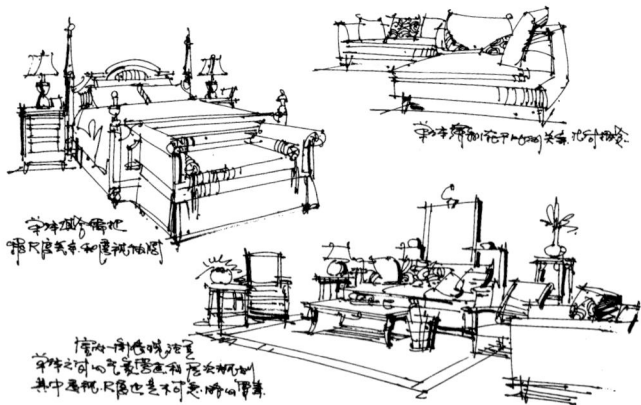

图 3-15　家具与陈设品是营造室内功能和气氛的重要因素

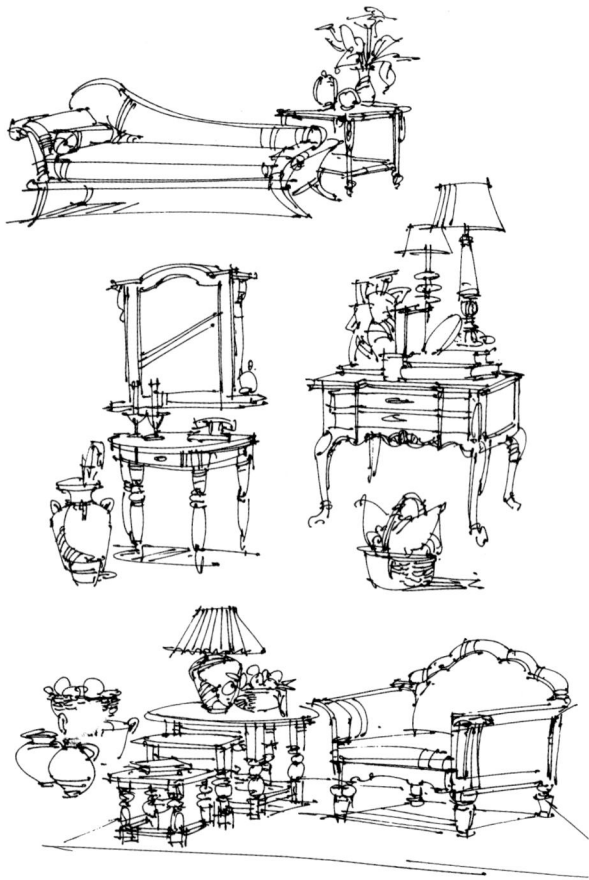

图 3-16　欧陆风情家具，家具与陈设品的单体是构成室内空间性质的
基本单元，其特征更是体现室内环境气氛的主要因素

2. 单体绘制要点

就单体绘制而言家具是主要对象，家具单体绘制应从四个方面切入：一是要建立人体工程学与家具尺度概念；二是要认识常用家具的尺寸模数；三是要了解家具的风格性；四是掌

握家具轮廓、结构、材质的造型手法。至于家电设施、陈设品在室内空间环境中布置多以配合为目的，在绘制手法和刻画深度多以简化的笔法，弱化结构、注重外形绘制（图3-17）。

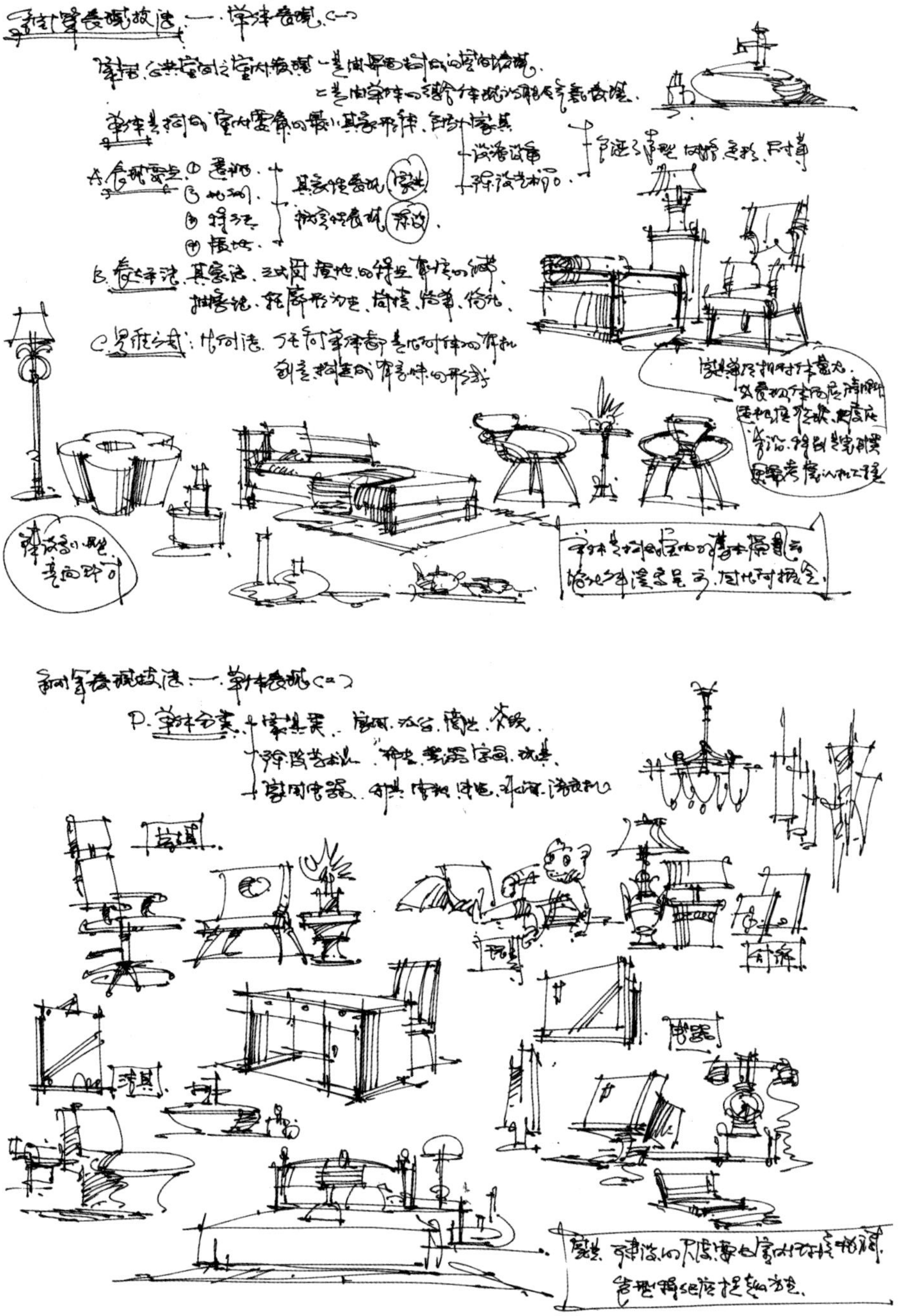

图3-17　单体绘制要点与方法（教学手稿）

3. 单体绘制步骤

　　单体的绘制以形为主，对物体的表面质地、肌理、光影也同样予以必要的刻画，使绘制的物体富有层次，形象更加生动。

（1）陈设品单体绘制步骤　陈设品作为室内软装要素，其特点是大都体积小、多以点缀作用，所以绘制不宜过于注重细节，以免喧宾夺主，应注重整体形态和关键性结构特征（图 3-18）。

步骤一：把握外在基本形的绘制，力求形的概括、简练。

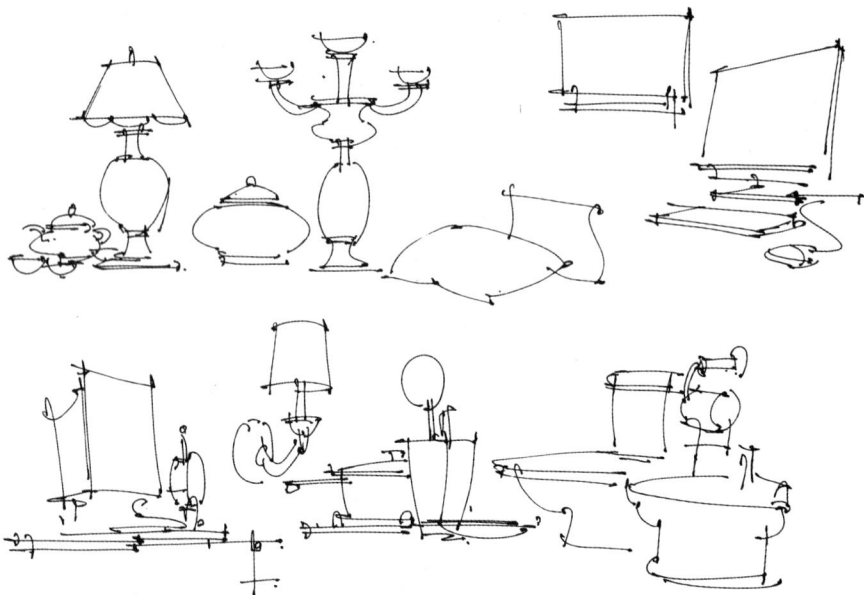

步骤二：寻求概念性明暗层次、必要肌理和质感。

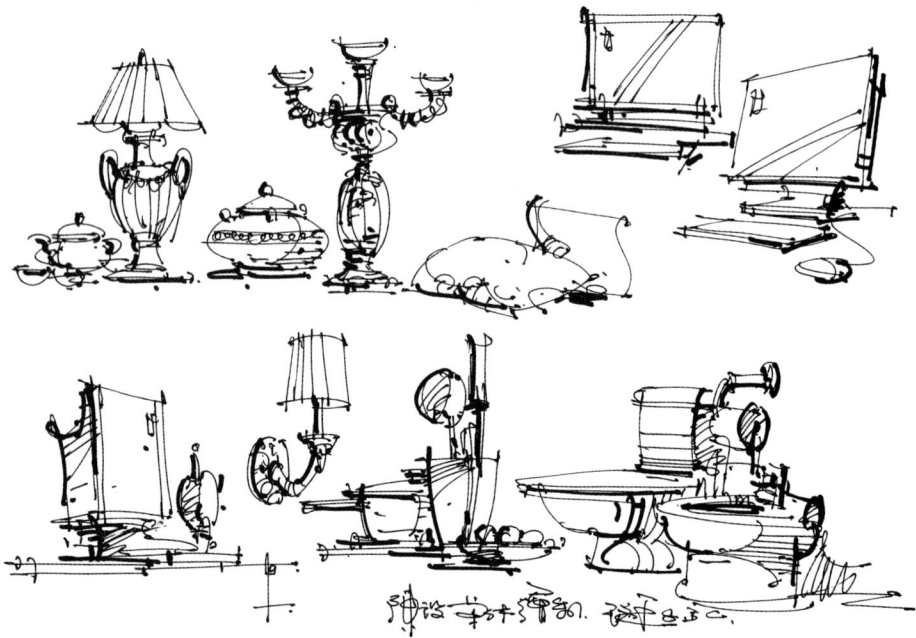

图 3-18　陈设品单体绘制步骤

（2）家具单体绘制步骤　家具作为室内软装的主体要素，其特点是体积相对大，在绘制时既要掌握大型的体面关系，也不可忽略局部的结构特征，特别是比例关系、透视关系的正确运用（图3-19）。

步骤一：绘制大形，把握单体各部分几何形特征、比例、透视关系

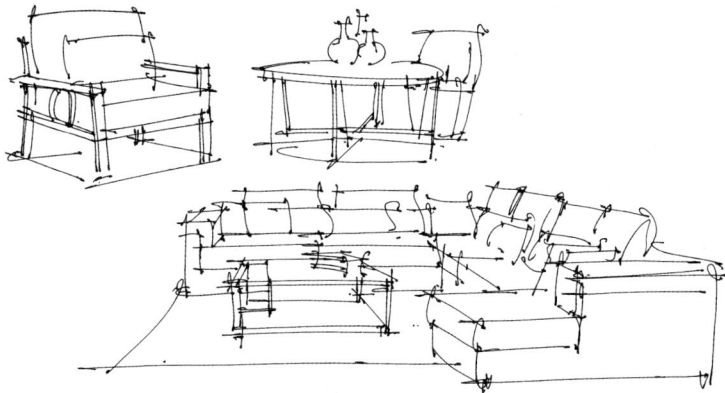

步骤二：刻画概念性明暗层次、表面肌理和质感，强化特征与层次关系

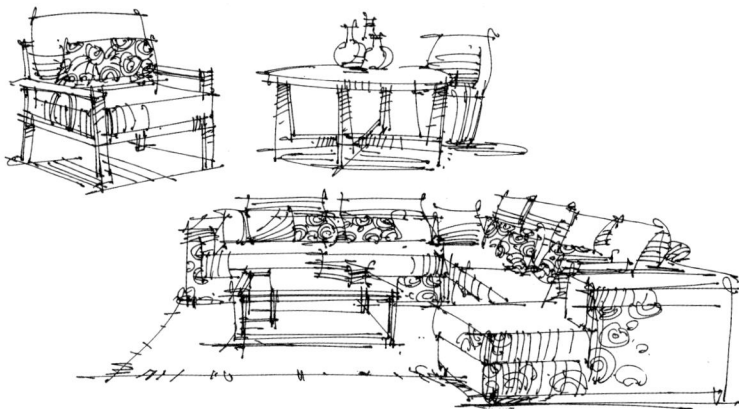

步骤三：塑造体面明暗层次、强化物体的立体感、空间感，光影体现的趣味性

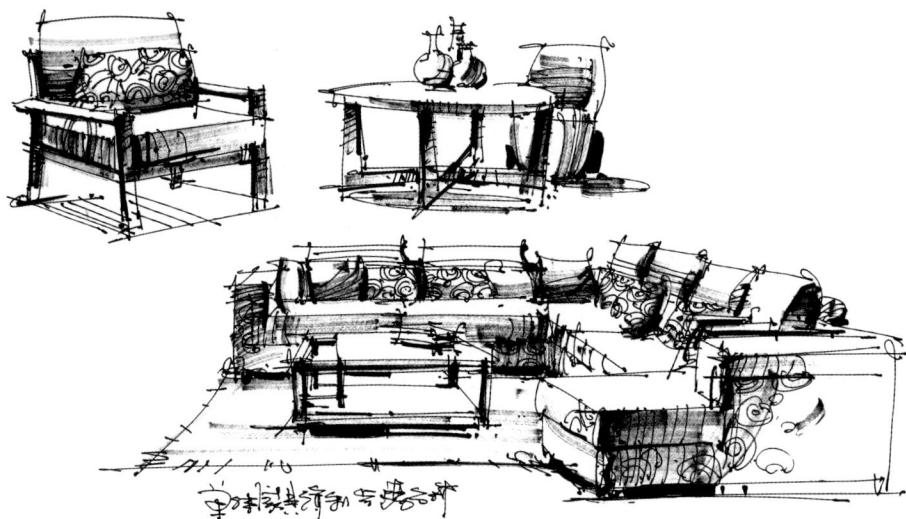

图 3-19　家具单体绘制步骤

3. 2. 2　室内单体组合绘制方法

单体组合绘制实训是针对多个单体组成情况下，如何处理单体与单体相互之间的主次关系、尺度关系，透视现象，同时也包含单体组合所演绎的生活的情趣性。

1. 单体组合绘制原则

单体组合绘制，一般情况下本着以家具为主、家电设施和陈设品为辅的原则确定主次、明确表现深浅程度（图 3-20、图 3-21）。

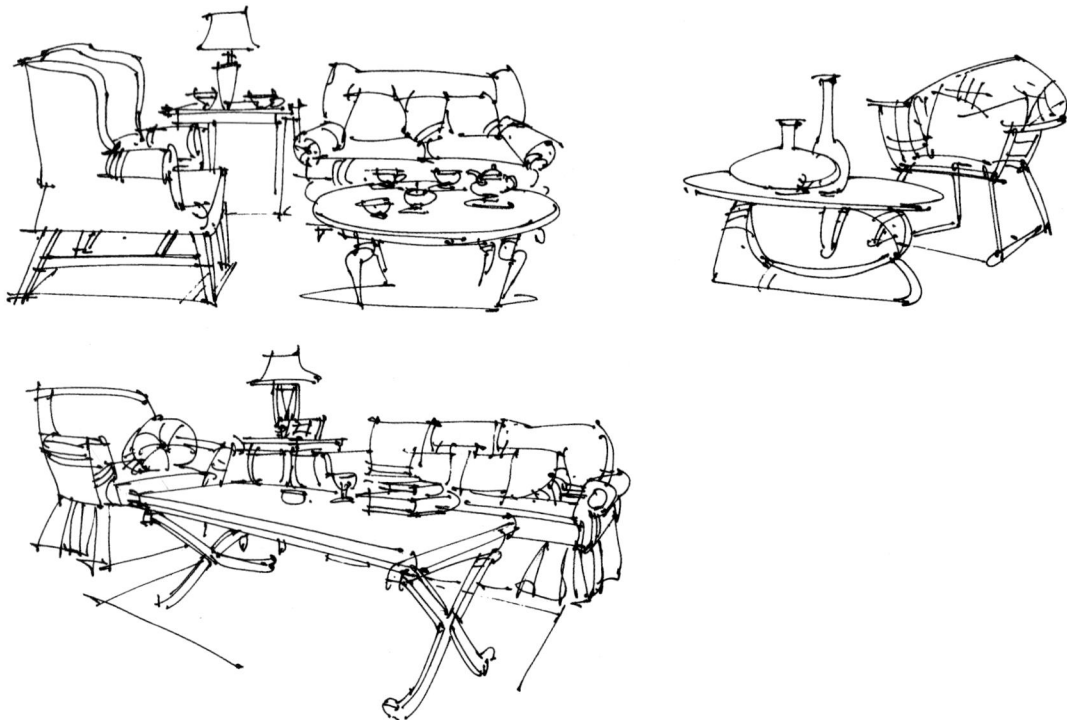

图 3-20　起居室家具与陈设品组合，单体组合除了绘制技法的要求，
必要的生活情趣营造也是不可忽视的

2. 单体组合绘制要点

单体组合的绘制因内容多，形态多样，组合在同一画面要面对的主要问题是如何运用对比手法表现单体之间的虚实关系，达到画面的统一性（图 3-22）。

3. 单体组合绘制步骤

单体组织合绘制步骤就陈设品和家具两大系列而言，各有特点，但基于比例、透视、主次、位置等要素，它们之间形成的相互关系是绘制的难点。

（1）陈设品单体组合绘制步骤　陈设品组合是构筑室内环境氛围的依据，绘制过程中主要在于陈设品品种的搭配、尺度及比例关系的处理。当然透视等一些绘制技法也需根据画面的总体需求考虑（图 3-23）。

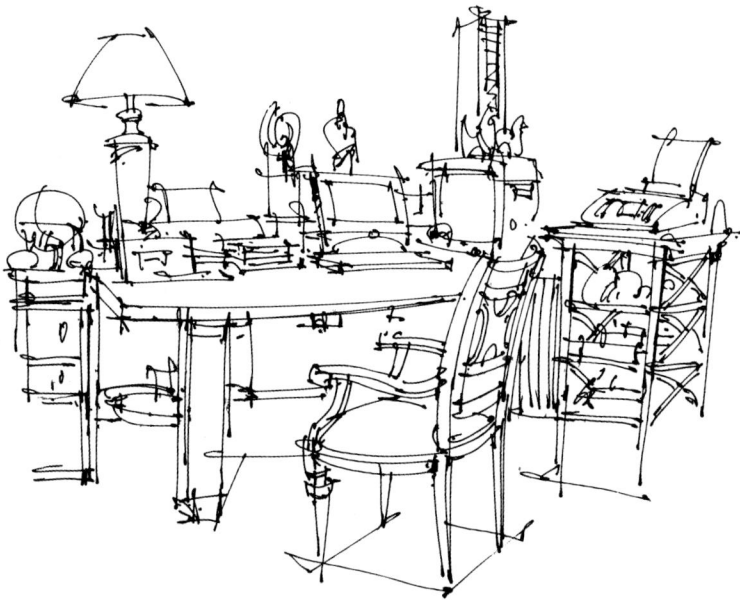

图3-21　书房家具与陈设组合，单体组合的绘制一定要对所绘制的单体有
主次之分，层次清晰、刻画有所侧重

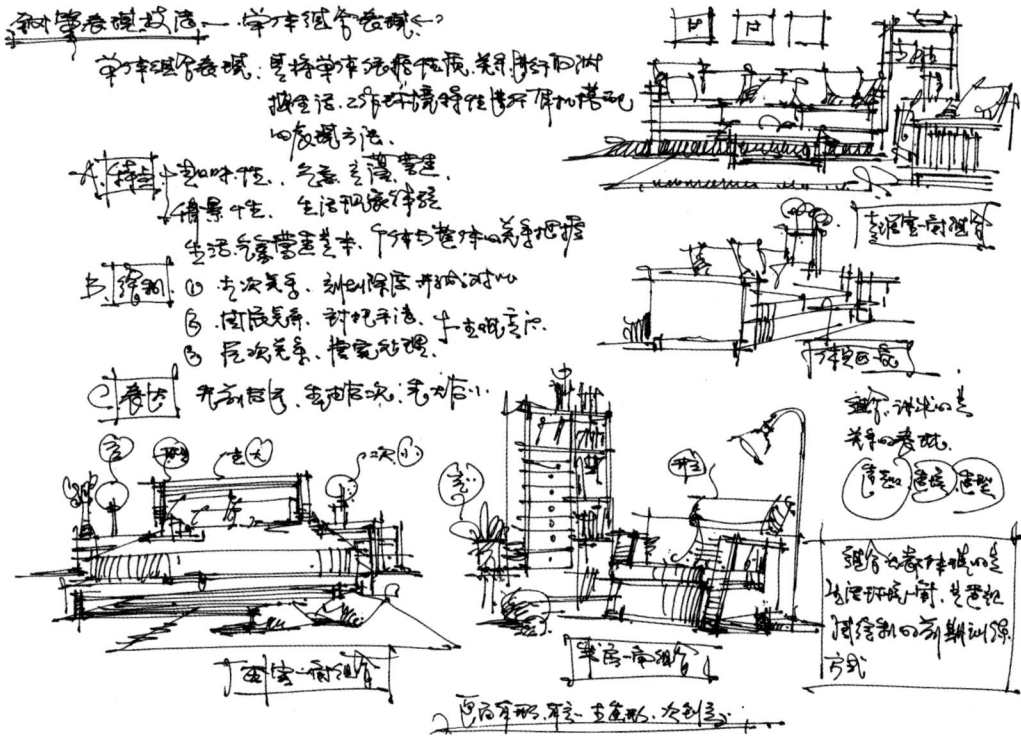

图3-22　单体组合绘制要点与方法（教学手稿）

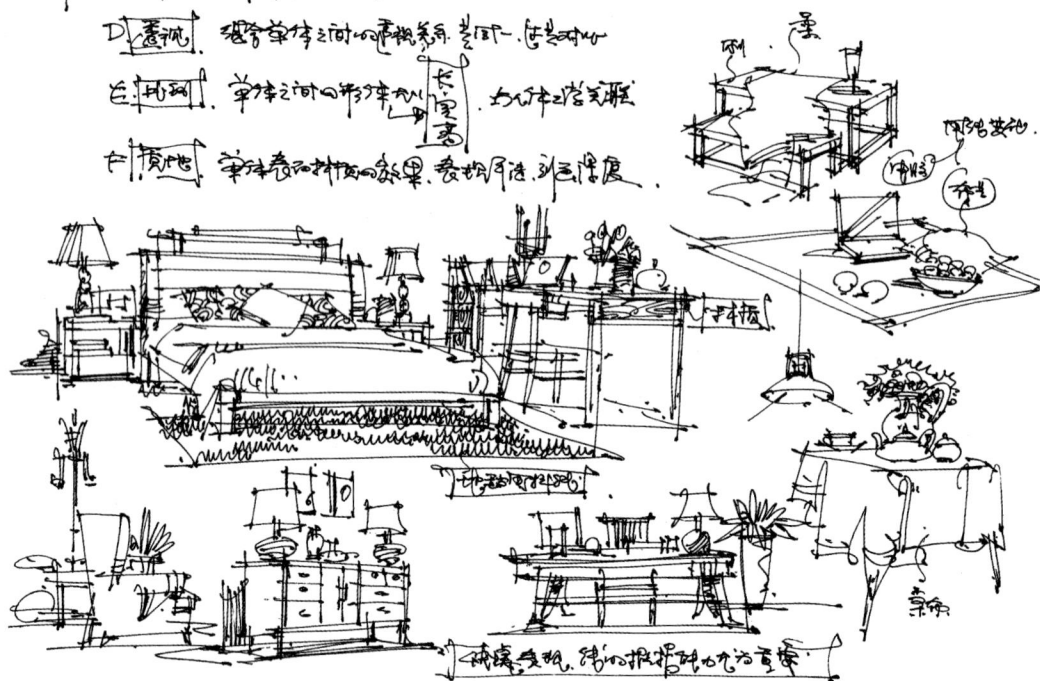

图 3-22　单体组合绘制要点与方法（教学手稿）（续）

步骤一：一方面注重各陈设品外在基本形的绘制，另一方面是控制各陈设品之间比例尺度和透视关系。

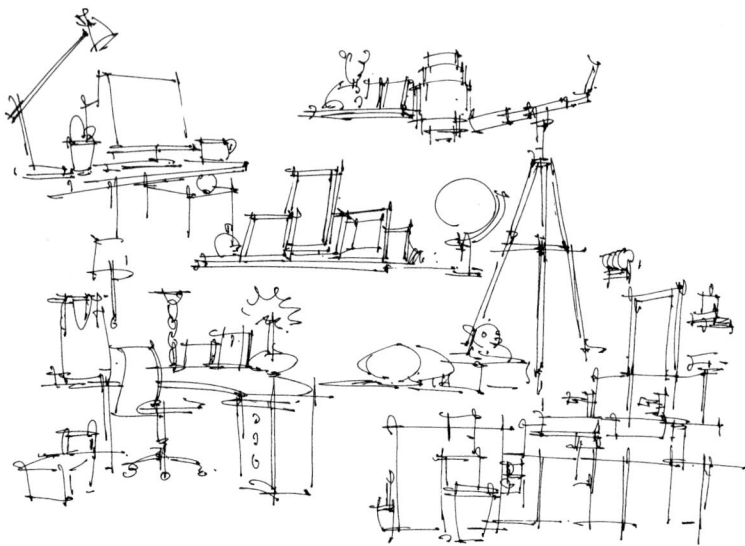

步骤二：从画面总体格局出发，以组合陈设品在画面所处的位置或地位确定绘制手法或深度。

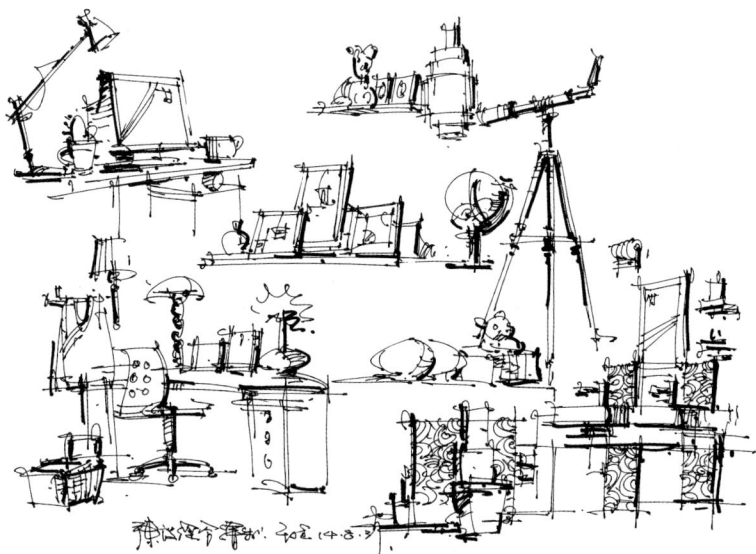

图 3-23　陈设品单体组合绘制步骤

（2）家具单体组合绘制步骤　家具单体组合绘制重在对家具之间的尺度与透视把握，依据组合后的主次关系，刻画中孰重孰轻，一般可划分为三个步骤（图 3-24）。

3.2.3　室内一角绘制方法

室内一角是集中展现室内功能空间特色的局部，常常以一个或两个界面为背景，依据人的生活、工作、学习、娱乐等活动配置的家具、陈设艺术品，按照一定的规律和关系进行搭配布置构筑的室内空间环境，也可以说是室内空间环境中的特色角落，重在绘制室内装饰表现图的关键能力（图 3-25）。

步骤一：以趋于前景单体切入绘制，逐步绘制各单体内、外形轮廓。

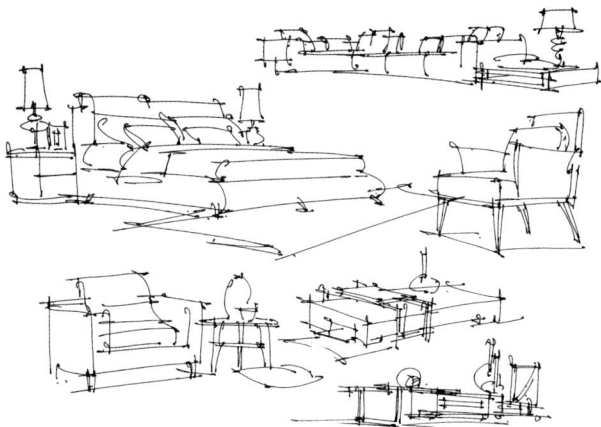

步骤二：进一步刻画各单体内部构造，同时着重于主要单体的明暗、细节层次刻画。

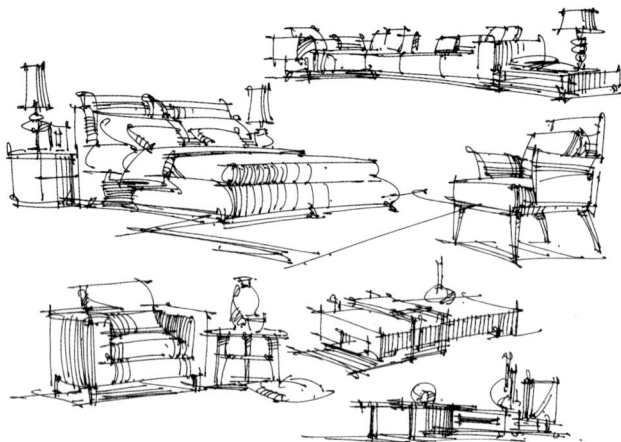

步骤三：从单体组合的整体出发，有所侧重地绘制明暗关系，加强体面对比。

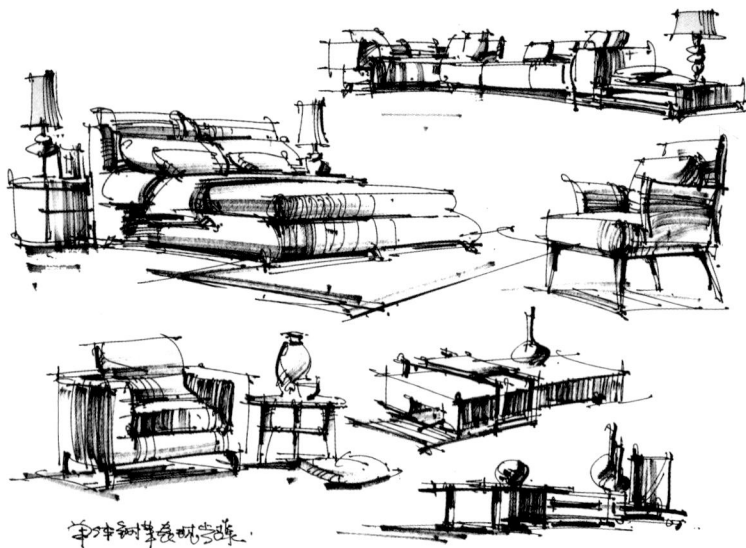

图 3-24　家具单体组合绘制步骤

1. 绘制原则

遵循突出中心、体现情趣、组合有序的原则。室内一角大都本着以功能明确的家具为核心、配以相关的家电设施、设备和陈设艺术品，形成具有一定环境气氛的局部特色（图 3-26）。

2. 绘制要点

室内一角涉及的表现内容较多，并且涉及形状、大小、位置等要素的制约，绘制过程中必须把握主次、控制层次、规划虚实关系，借助对比手法，驾驭画面单体之间的构成关系是关键（图 3-27）。

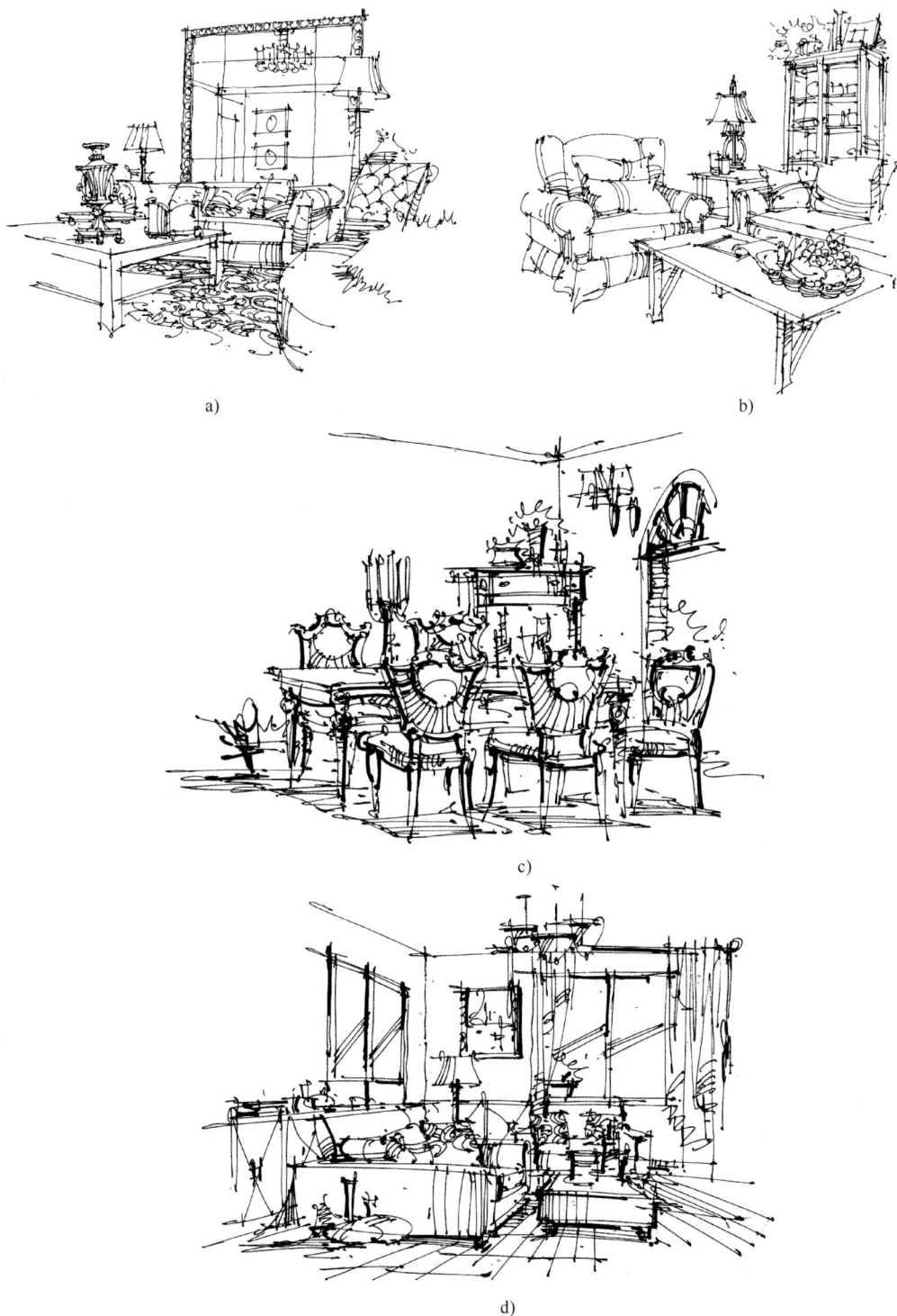

a)

b)

c)

d)

图 3-25 不同的室内角度虽在同一空间，体现的是相同的功能特征，但展示的是不一样的情趣，室内一
角以体现室内空间的各个局部角度特征为目的，是练习绘制复杂空间环境表现图的实训重要环节

a）起居室一角　b）书房一角　c）就餐空间一角　d）客厅一角

a)

b)

图 3-26 公共娱乐、休闲空间往往通过一幅表现图是无法表现空间全貌，所以对一些重要的空间部分会以一角的方式进行绘制，诠释功能空间的多元性
a）歌舞厅一角 b）咖啡厅一角

图 3-27 室内一角的单体多，并与背景界面发生关系，是室内空间区域环境的特色表现

3. 室内一角绘制技巧与步骤

（1）运用结构与肌理体现层次表现方法　室内一角绘制，因涉及的内容较多，同时也要考虑钢笔绘制的工具特性，在绘制步骤的设计上应遵循图 3-28 所示的步骤。

步骤一：选择形体相对完整的前景单体组合家具和陈设品先画，以此作为其他家具、陈设品等的尺度比照对象。

步骤二：以前景单体组合作比照，依次绘制远景家具和界面透视线，形成室内一角构图的基本形式。

步骤三：完善界面的陈设品绘制，增加画面气氛，同时整理画面的层次对比和构图平衡。

图 3-28　家居客厅一角绘制步骤

（2）以光影规律、肌理构成与单色渲染表现层次　该种表现方式是在线条技法的基础上借助单色渲染，以体现画面物体的体块对比关系和笔触形成的韵律美感（图 3-29）。

步骤一：线条起稿绘制基本形。

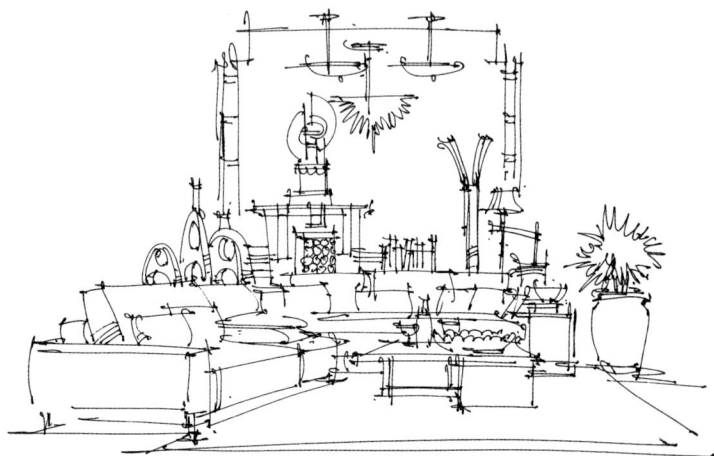

步骤二：组织线条表现结构特征、肌理特征和光影规律。

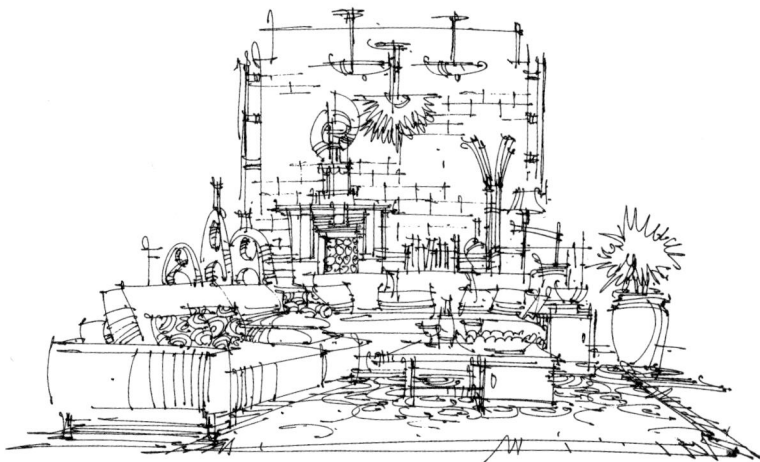

步骤三：单色渲染加强体块，呈现笔触的韵律美。

图 3-29　家饰卖场展示空间一角绘制步骤

3.3　室内钢笔表现图绘制技法

运用钢笔表现技法绘制室内装饰图，既要考虑室内家具、陈设品的造型及组合要素，还要考虑界面与物体的尺度关系、图底关系、空间层次、透视关系等，诸类问题的凸现，旨在考验设计师绘制表现图的功力，如何化解画面物体与物体、物体与空间的复杂矛盾，达到对功能空间意境的完美表现。

3.3.1 绘制原则

钢笔绘制表现图，就是抓住物体外在形基本特征；其次是注重结构，就是针对画面的主要物体的内部结构，根据画面需要进行刻画；至于借助肌理，是以物体表现图案、材质呈现纹样有选择的予以塑造；再说巧用明暗，是出于强化画面主要物体和修饰物体之间的层次关系，以及从突出趣味中心运用的黑白对比。

3.3.2 绘制技巧

绘制室内装饰表现图，在具备了一定的技法应用能力外，关键在于建立画面的全局意识。如何建立全局意识，可就以下几个方面探讨考虑（图3-30）：

1）一要紧扣透视，对视点位置、视平线高度、透视类型一丝不苟。

2）二要把握空间，谙熟空间围合的界面，控制好界面相交大的透视倾斜线特征。

3）三要设定母形，主体家具为绘制母形，运用比照法绘制画面各单体的形态。

4）四要归纳层次，从整体出发规划画面层次，设定趣味中心，使画面整体效果能够具有主实次虚、内实外虚、前实后虚、中实边虚的空间层次。

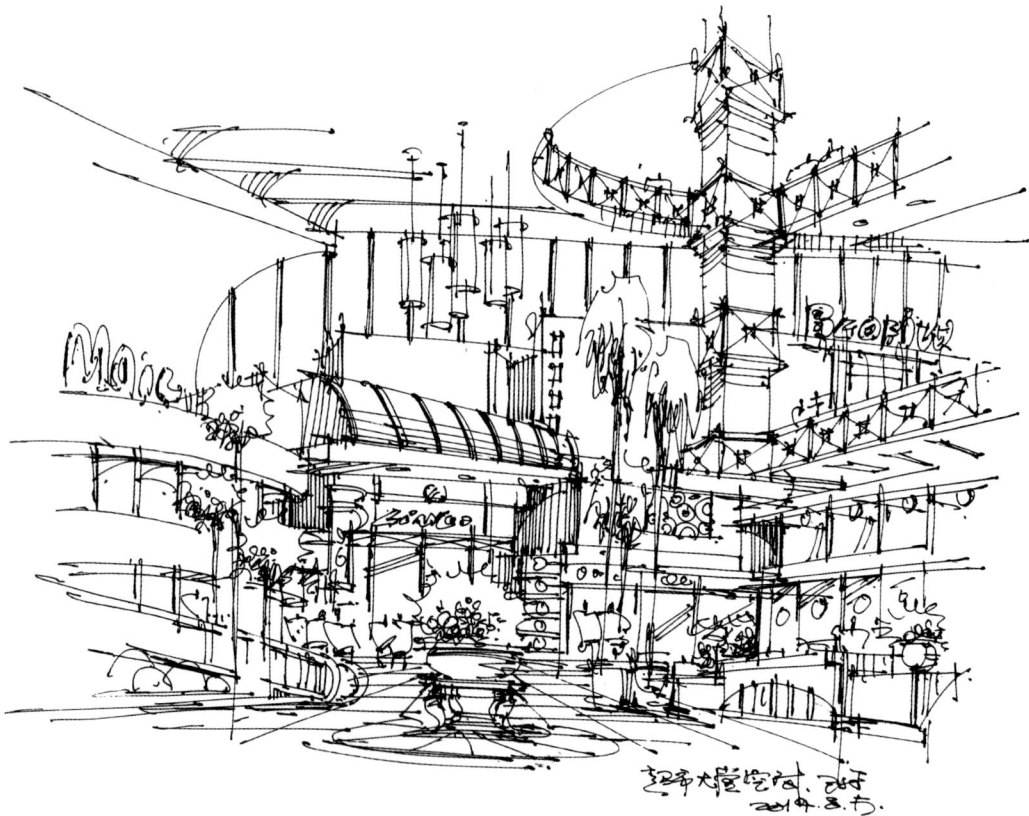

图 3-30 相互衬托的前后关系处理是室内单体组合表现的难点，也是构成画面层次关键

3.3.3 绘制步骤

钢笔绘制表现图步骤取决于工具特殊性，因其不可修改，所以绘制的步骤需因画面内容构成状态设计程序，一般分两种绘制步骤。

1. 界面控制步骤法

室内家具、陈设品等物体相对不是很多，需要表现的是以界面构成的空间概念，如酒店大堂、写字楼入口大厅等，诸如此类功能空间可从空间的形态入手，然后绘制室内布置的家具、陈设品表现，绘制过程中控制好物体与空间的尺度即可。界面控制法步骤是先整体，再局部，由大型到小型的绘制程序（图3-31）。

步骤一：绘制界面的基本透视形态。

步骤二：绘制空间构造及主体家具设备。

步骤三：塑造界面、家具与陈设品，完成画面各部分形的绘制。

步骤四：为突出画面的趣味中心和主要特征，对物体表面肌理、明暗关系有侧重地刻画，增加表现图的艺术感染力。

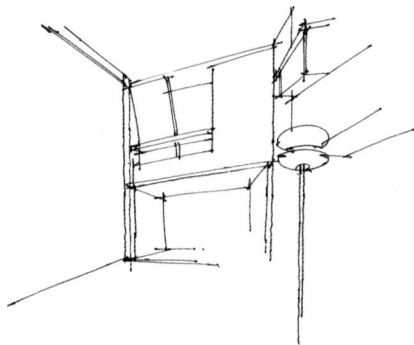

步骤一:勾勒界面、设定透视。

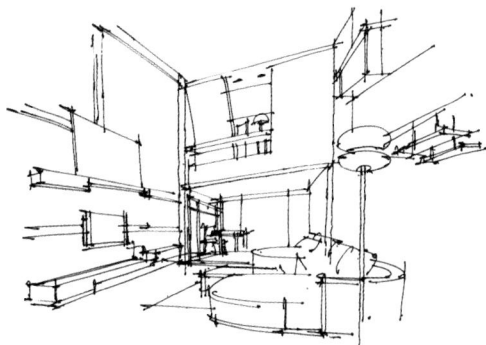

步骤二:主体构成、比照尺度。

步骤三:刻画形体、侧重主体。

步骤四:利用层次、强化对比。

图 3-31 界面控制法绘制步骤剖析

2. 局部扩展步骤法

对于功能性较明确的空间，家具、陈设品配置的较多，该类空间的表现界面多被遮挡，则不宜从界面入手，只能从家具入手，展开室内单体与界面穿插绘制。

此类室内装饰表现图绘制的步骤是先将界面放于心中，从局部切入，在绘制的过程中运用比较的方法控制形的比例，最终达到画面整体的尺度基本和谐（图3-32）。

步骤一：单体先行定尺度，主要单体组织合构成室内核心功能空间特征。

步骤二：运用比照方法完成家具绘制，遵循人体工程学原理控制比例与尺度关系。

步骤三：依据透视原理绘制界面特征，并根据画面需求绘制陈设品内容。

步骤四：按透视特征绘制明暗层次和肌理图案，形成画面单体与单体，单体与空间的对比关系，以便突出重点，营造气氛。

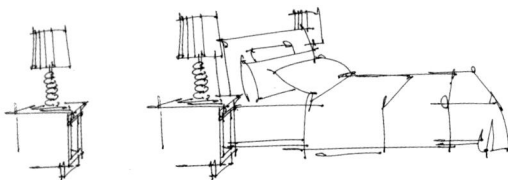

步骤一：单体先绘、比照形体。

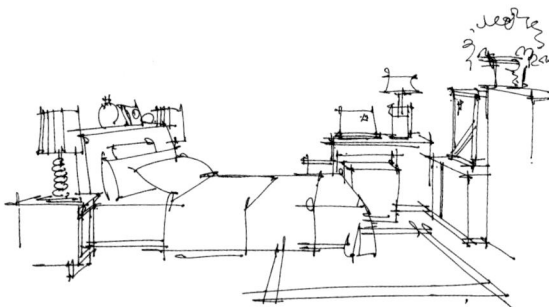

步骤二：组合单体、把握尺度。

步骤三：界面导入、充实陈设。

图3-32　局部扩展法绘制步骤剖析

步骤四：运用肌理、加强对比。

图 3-32　局部扩展法绘制步骤剖析（续）

本 章 小 结

　　本章就室内环境中家具与陈设在空间的尺度关系，不同条件的组合绘制手法，以及钢笔表现图的绘制技巧进行介绍，并教会学生能够运用正确的方式绘制，为设计方案透视图的绘制铺垫基础。

实 训 内 容

1. 单体、单体组合、室内一角钢笔表现实训（图 3-33）。

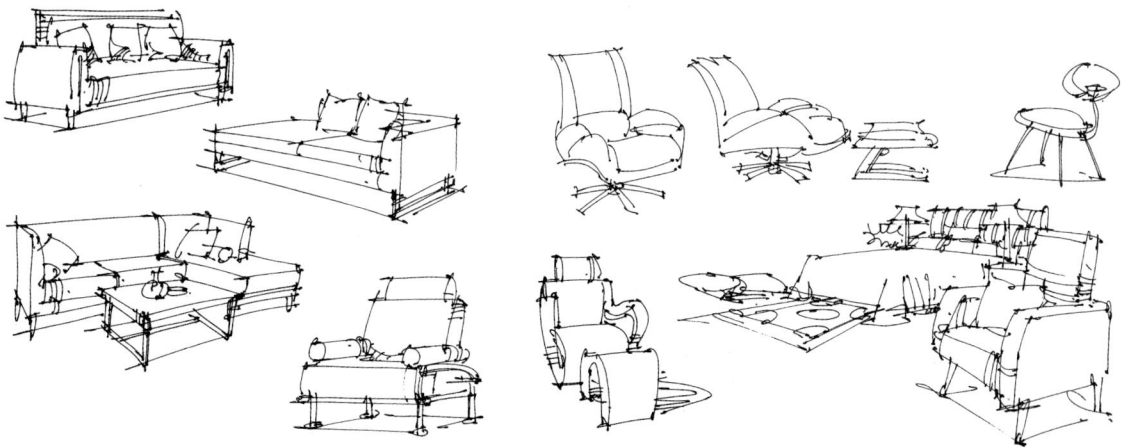

图 3-33　钢笔绘制单体、单体组合实训

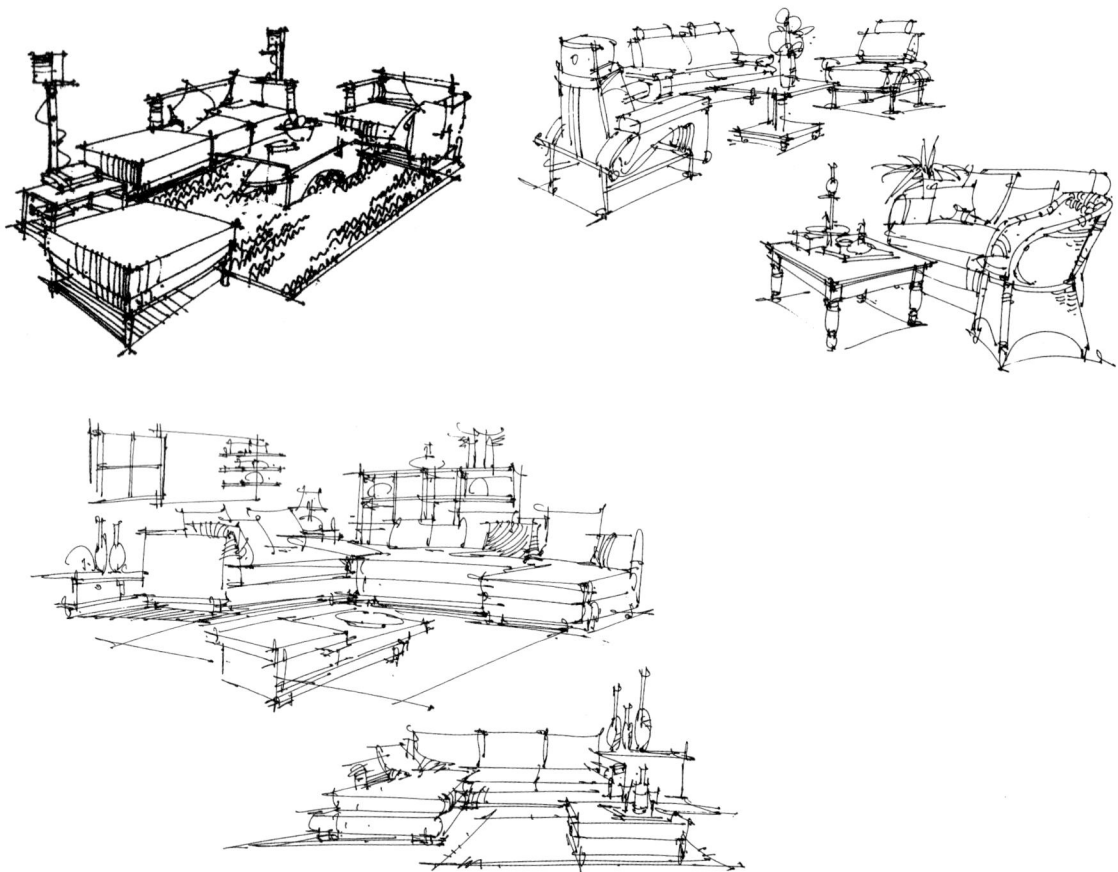

图 3-33　钢笔绘制单体、单体组合实训（续）

2. 空间界面与尺度关系控制实训（图 3-34）。

图 3-34　单体组合与空间环境比照实训

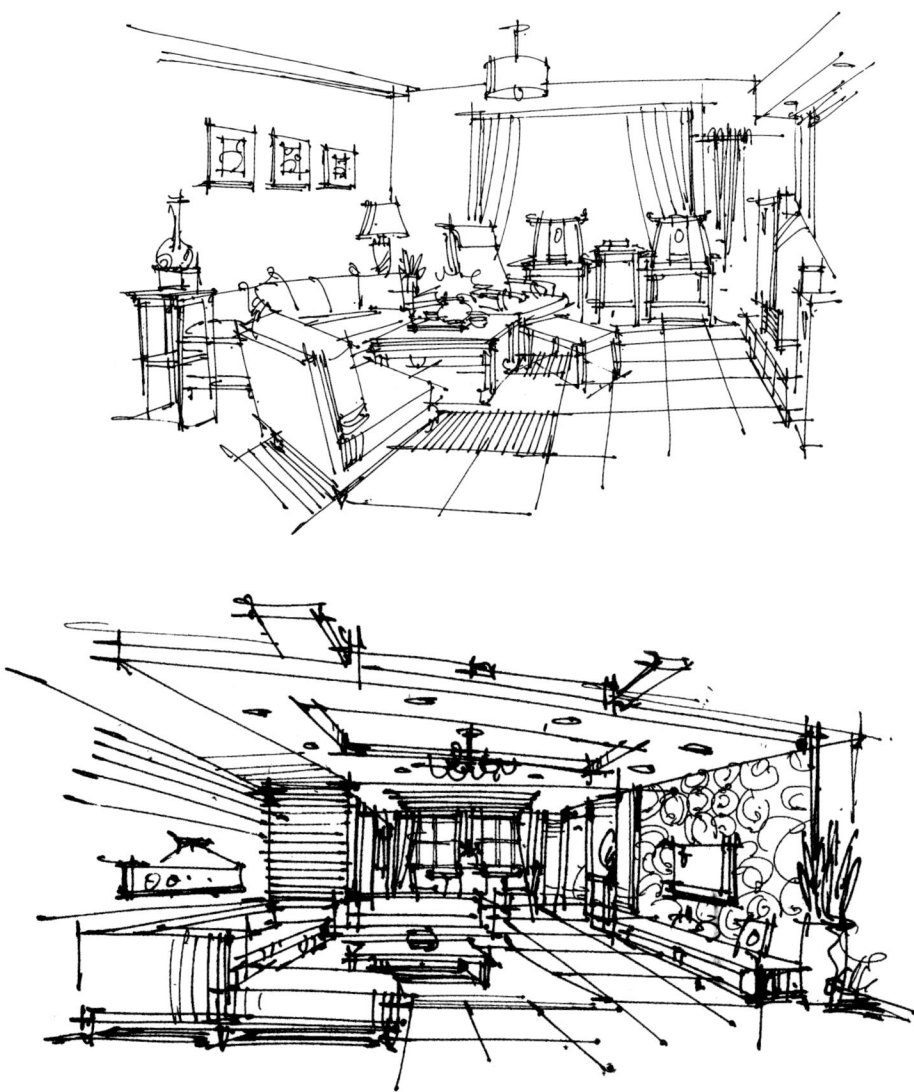

图 3-34 单体组合与空间环境比照实训（续）

3. 界面控制法、局部扩展法钢笔室内装饰表现图实训（图 3-35、图 3-36）。

4. 公共空间方案创意快速表现实训（图 3-37 ～图 3-39）。

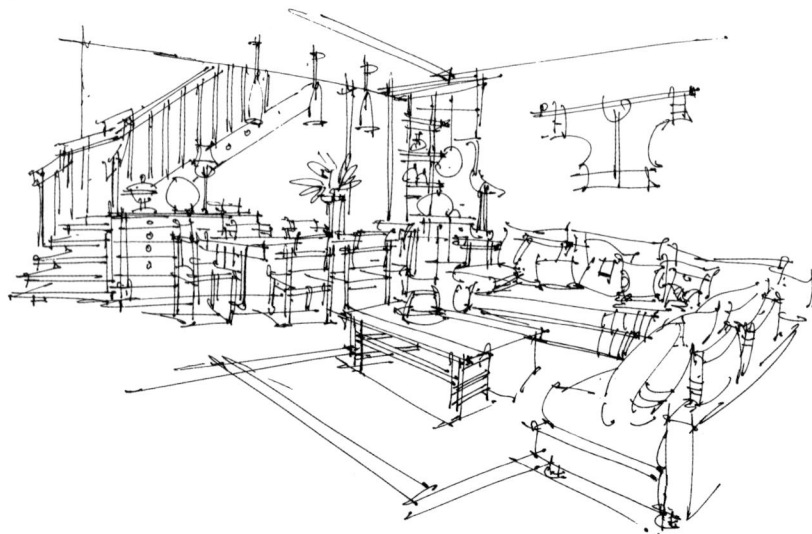

图 3-35　别墅客厅绘制实训

图 3-36　大户型客厅绘制实训

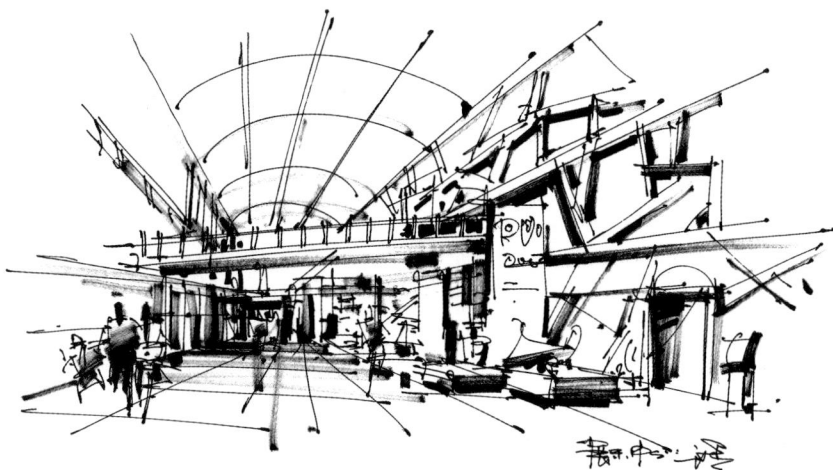

图 3-37　会展中心快速表现实训

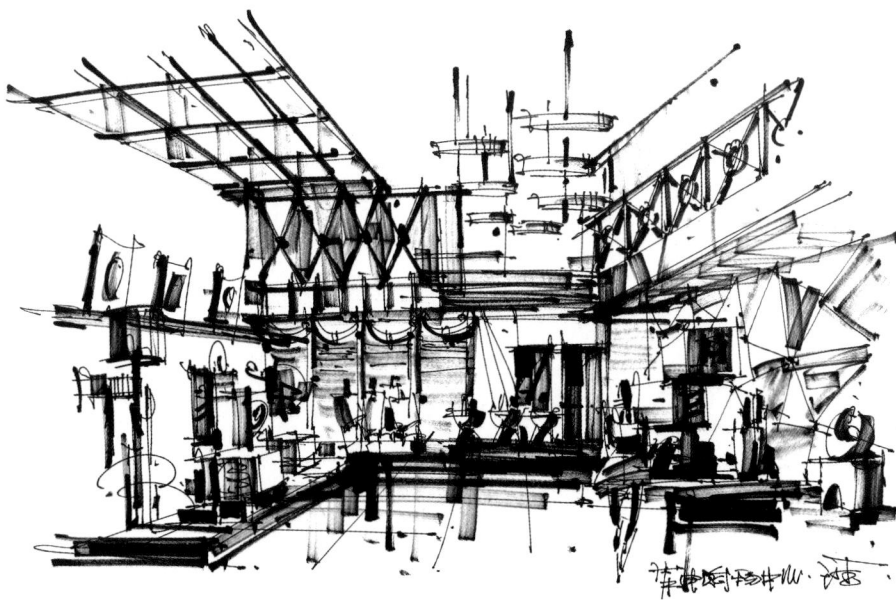

图 3-38　家电专卖店快速表现实训

图 3-39 KTV 歌城快速表现实训

本章教学计划安排
教学课时安排

项 目 课 时			表现基础训练内容	教 学 方 法	作 业 要 求
课内	16	课外 32	家具、陈设艺术品、日用家电、植物小品绘制练习。	以演示为主、理论为辅、穿插辅导、借助案例，展开的室内配景教学。	绘制家具、陈设钢笔速写 20 张。
合计	8	16	本课程重在训练学生对室内家具、陈设造型把握和绘制能力。		30 张

第4章 淡彩表现图技法

学习目标：

能够熟练运用彩色铅笔、马克笔技法绘制室内单体、单体组合及室内装饰方案表现图，准确地把握不同功能空间环境的气氛营造，特别是基于色彩运用规律、笔触运用技巧和不同形体、材质的塑造手法和艺术趣味性。

学习重点：

掌握彩色铅笔、马克笔在不同空间环境、不同表现目的运用多种绘制技法。

学习建议：

1. 考查市场，了解流行家具、配景与陈设样式、品种。

2. 抄绘各类单体配景、组合配景，积累室内透视图家具与陈设的素材。

3. 抄绘彩色铅笔、马克笔室内装饰表现图案例，了解技法特点，学会并能掌握一般功能空间环境表现图的绘制技巧。

4.1　技法介绍

淡彩表现技法当下常运用的主要工具有两种，即彩色铅笔和马克笔。根据表现图工具运用和技法特征可划分为彩色铅笔表现技法、马克笔表现技法和彩色铅笔＋马克笔综合表现技法，三种技法在应用中的共同的特点是易于上手、绘制快捷、携带方便、色彩明快等，由此而成为当下设计师们得以青睐的表现工具（图4-1～图4-3）。

4.1.1　彩色铅笔表现技法

彩色铅笔是一种易于携带，操作方便、快捷的表现工具。彩色铅笔无论在方案表现图的正图渲染，还是进行设计草图的表达都易于上手，基于这一特点，被室内装饰设计师们看好，成为不可缺少的常用方案绘制及草图探讨的工具（图4-4）。

1. 工具介绍

彩色铅笔绘制表现图因受到色彩或绘制方式局限，细致的刻画受到一定制约，所以在表现物体方面多运用夸张、对比和概括手法。讲求装饰美感。

室内装饰表现图应用的彩色铅笔以水溶性质地的为佳，且铅质柔软易于渲染，但彩色铅笔因其富含蜡质且不宜多次叠加，控制在三遍即可，既不会过多伤害线条排列的笔触美，同时也能够保持色彩的鲜亮感。至于纸张选择，宜采用表面略微粗糙纸质，绘制出的作品笔触相对清晰、明确，具有色彩厚实效果（图4-5）。

图 4-1　彩色铅笔表现技法绘制的别墅客厅，清晰、明快，且线条优雅

图 4-2　马克笔表现技法绘制的欧式风格主卧室，以笔触的韵律切入形体，
具有较强的层次和色彩的对比效果

图 4-3　综合表现技法是利用彩色铅笔与马克笔两种工具的特点表现物体，形成了既有
线条的细腻与优雅，也融入笔触的粗犷与夸张，多用于方案正图的表现手法

图 4-4　彩色铅笔绘制表现图画面明快、清晰，富有线条表达的
轻快意趣，往往适宜快捷草图的绘制

图4-5　运用彩色铅笔工具进行专业表现图绘制一般宜选择水溶性类最佳，
常用的有24色、36色、48色等供选择，主要取决于个人的习惯

2. 技法解读

彩色铅笔室内装饰绘制表现图，常用的技法有平涂法、渐变法和重置法。

1）平涂法：笔触运行过程中用力和速度一致，所绘制的色彩，即笔触无深浅变化。

2）渐变法：运笔过程中寻求由深到浅或由浅至深的层次效果。

3）重置法：为改变色彩的色相变化运用的色彩叠加手法（图4-6）。

3. 表现特点

彩色铅笔所绘制的表现图的美感来源于所绘线条排列展现的笔触韵味，色彩简练概括，画面呈清新与明快效果（图4-7）。

4.1.2　马克笔表现技法

马克笔是当下设计业比较时尚的表现图绘制工具，但也常常被许多选择其进行表现的设计师们所误解，以为用宽厚的笔触排列或一味的在意涂色即为马克笔表现技法，其实不言，马克笔绘制表现图应是基于笔触表现物象所体现的形与神二者融合产生的韵律美，也就是说如何应用笔触造型使表现图更富于艺术趣性（图4-8）。

1. 工具介绍

马克笔表现讲求笔色合一，即用笔就是选色、选色也就意味着选笔。马克笔的笔形特征由前后大小不同笔头构成，小头多用于勾线或细部的刻画，大头用途较广，利用多种角度变化产生的丰富线条得以表现物体的形态、神韵、层次，所以，马克笔的表现不是简单的线条排列、色彩渲染，是基于物体形态有意识的笔触造型。

马克笔品牌繁多，质地各异，依据色彩大致有正灰色系列、暖色系列、冷色系列、三原色系列等，选笔应本着笔头略微柔软、流水较顺畅为佳（图4-9）。

2. 技法解读

对于马克笔的使用方法就在于对宽笔头的应用能力，由其绘制采取的轻重、快慢、角度运笔所产生的点、线、面的笔触是构成马克笔技法的核心要素。

（1）用笔的原则：马克笔绘制应从画面物象状态出发，本着虚实搭配、疏密结合、宽窄变化、主次有别的原则，使笔触塑造能够既变化又统一，达到丰富多彩的笔触造型。

图4-6 彩色铅笔的绘制技法并不繁杂，主要包括三种常用技法，即平涂、
渐变和重置，至于运用水渲染一般不常用（教学手稿）

（2）用色的原则：马克笔在绘制过程中对细部刻画叠加用色不宜超过三种，多则色彩暗而无色泽。对于一幅表现图而言，马克笔核心用笔不宜超过七种，否则图面缺乏整体且花而乱。总之，马克笔表现图对于色彩用笔宜少不宜多（图4-10、图4-11）。

图4-7　清新、典雅的简约卧室格调，仿佛随心而作，
充分应用了彩色铅笔细腻的渐变排线产生的韵味

图4-8　马克笔表现的主要特色在于用笔，在笔头运行过程中千变万化
产生的丰富笔触韵律赋予物体的意趣

图 4-9　马克笔品种繁多，色彩系列齐全，绘制一般常用的也不过 50 支

图 4-10　笔触是马克笔工具绘制特有的表现方式，通过笔头的宽窄、轻重、
快慢和角度的变化达到表达物体的意趣

3. 表现特点

马克笔讲究用笔技巧，针对物体特征不同在运笔上可归纳为以形用笔为造型、以势用笔造气氛、以情用笔表心境，达到形神兼备的表现效果（图 4-12）。

4.1.3　综合表现技法

1. 工具构成

综合表现技法是集钢笔、彩色铅笔、马克笔各工具特点进行绘制，以达到使所绘制画面的物象更富于感染力，更能够体现方案表现图的视觉效果（4-13）。

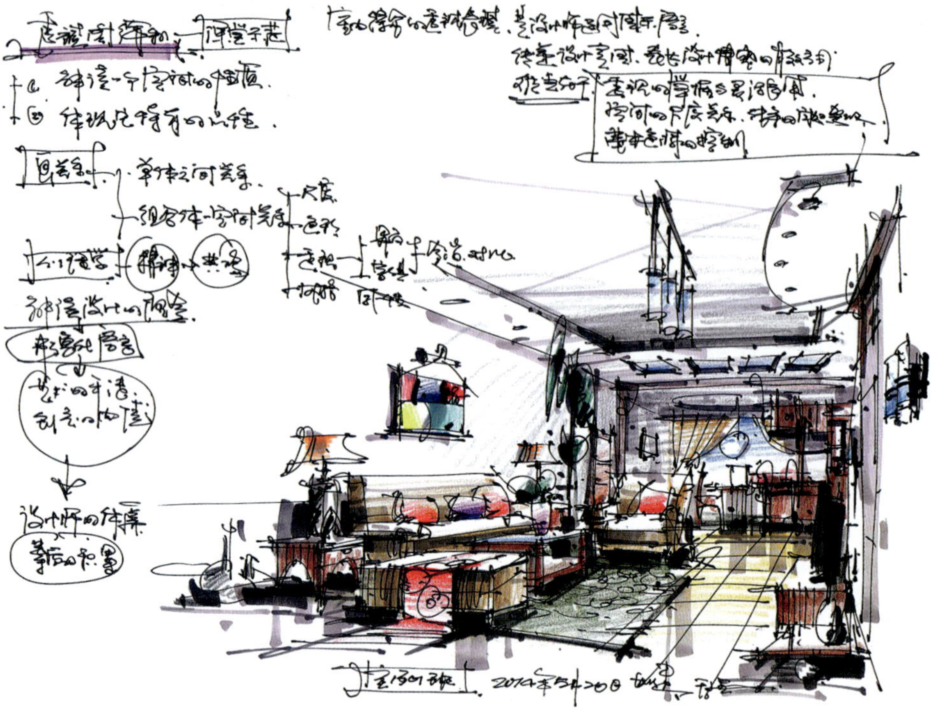

图 4-11　笔触的韵律美是马克笔表现的关键，与其说画的是色彩，
更应该说是笔触表现的赋予画面的艺术美（教学手稿）

图 4-12　概括、提炼，充满韵律的笔触是马克笔绘制物体特有的艺术手法

2. 技法解读

综合运用工具进行表现图绘制，是为求得各工具优势互补，更为完美的表达画面内容，无论是画面的整体造型、还是色彩关系、甚至细节的刻画都能够从综合技法的应用中获得解决问题的方法，具体体现在四个方面：即寻求画面的整体与和谐；强调细节的个性与韵味；体现空间的气氛与意境；追求刻画的深度与具象感（图 4-14）。

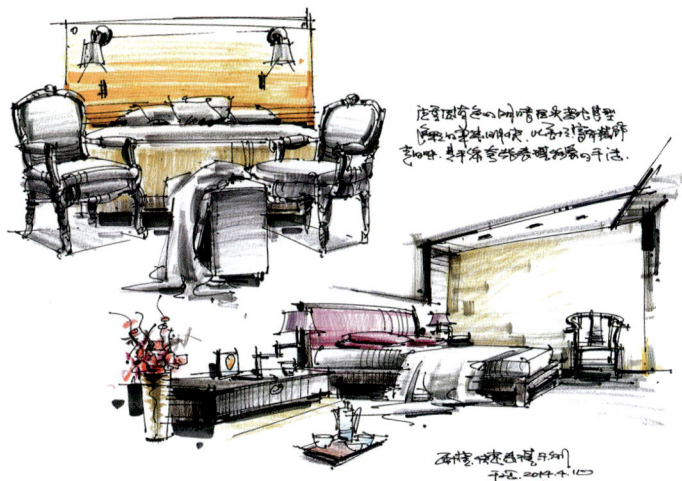

图 4-13　综合表现就是用钢笔起稿搭构架，马克笔塑造抓形体，彩色铅笔渲染作协调，发挥各工具优势来表现空间环境及物体

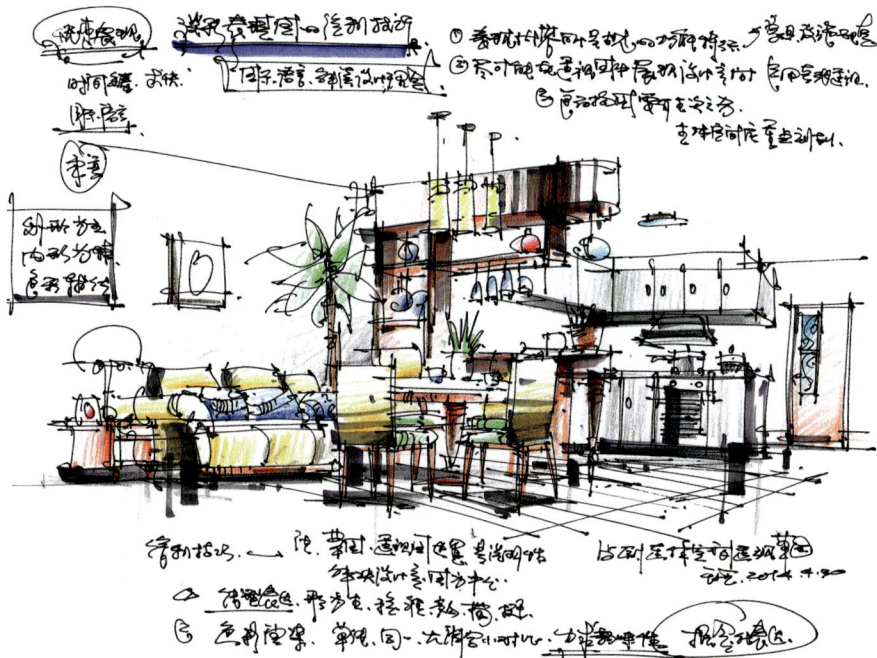

图 4-14　借助淡彩表现各工具优势更有助于营造画面的气氛（教手草稿）

3. 表现特点

钢笔线条造型越加简化，注重的是形体的轮廓勾勒，彩色铅笔的渲染可柔和马克笔笔触

的生硬感，并能便于细节的刻画，马克笔的笔触表达对于强化物体的结构形态具有较强的夸张效果（图 4-15、图 4-16）。

图 4-15　任何一种表现工具都是有缺陷的，只有整合各自的优势才能更好的表现物体，当然在绘制过程中还是要把握好孰重孰轻

图 4-16　概括、提炼，充满韵律的笔触是马克笔绘制物体特有的艺术手法

4.2 家具与陈设表现

家具与陈设是室内的单体元素，这些单体由于表面呈现的色相、肌理、质地的不同，在绘制上既要考虑造型要素、光影要素、色彩要素，还要考虑笔触、线条的因素，所以物体的绘制是对笔触在塑造过程中对物体的理解与认识（图4-17）。

图4-17 淡彩法绘制室内单体关键在于明暗层次影响的色彩变化，
不同工具用笔手法对形体的作用

4.2.1 单体表现方法

1. 单体绘制基本原则

遵循光影照射下的色彩明暗规律，利用淡彩工具绘制线条或笔触的韵律，以表现功能空间环境的意趣为宗旨，需按以下原则操作（图4-18）：

（1）先大后小、先浅后深，即先大面积色彩后小面积色彩绘制，先绘制浅色后绘制深色。

（2）层次以近似色绘制，以物体固有色的深浅层次分类选笔，概括着色。

（3）亮留白、灰着色、暗压深，按物体受光层次，依据三大面关系进行光与色的表现。

2. 单体绘制要点

淡彩表现单体，对于钢笔稿强调物体的几何特征；在层次关系的处理上注重黑白灰三大层次变化；在色彩的运用则以同类色系为选择对象，在笔法运用方面力求以线条或笔触的排列变化达到塑造物体形态。

（1）彩色铅笔绘制要点 彩色铅笔绘制单体讲求的是光影、色彩的概念性表达、线条造型的针对性运用（图4-19）。

图 4-18 淡彩绘制应本着形体勾勒几何化，明暗表达概念化，色彩应用近似化，表现的物体尽可能凸现整体，优化细节

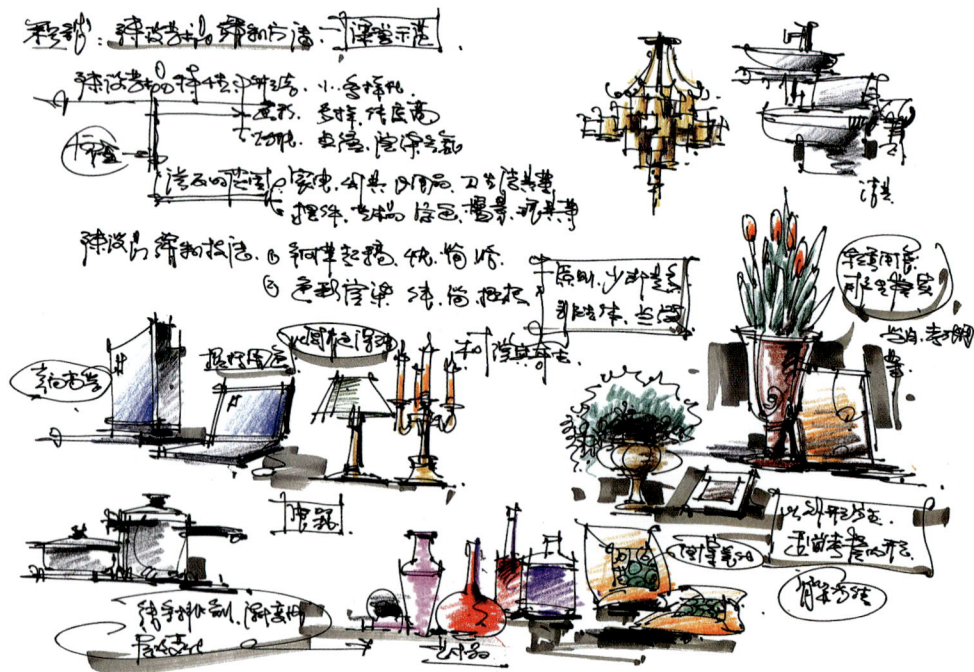

图 4-19 彩色铅笔绘制方法及要点（教学手稿）

（2）马克笔绘制要点 马克笔绘制单体注重形的体块归纳、用笔依据物体特征形成轻、重、快、慢和角度的变化，色彩渲染多以近似色按深浅绘制物体（图 4-20）。

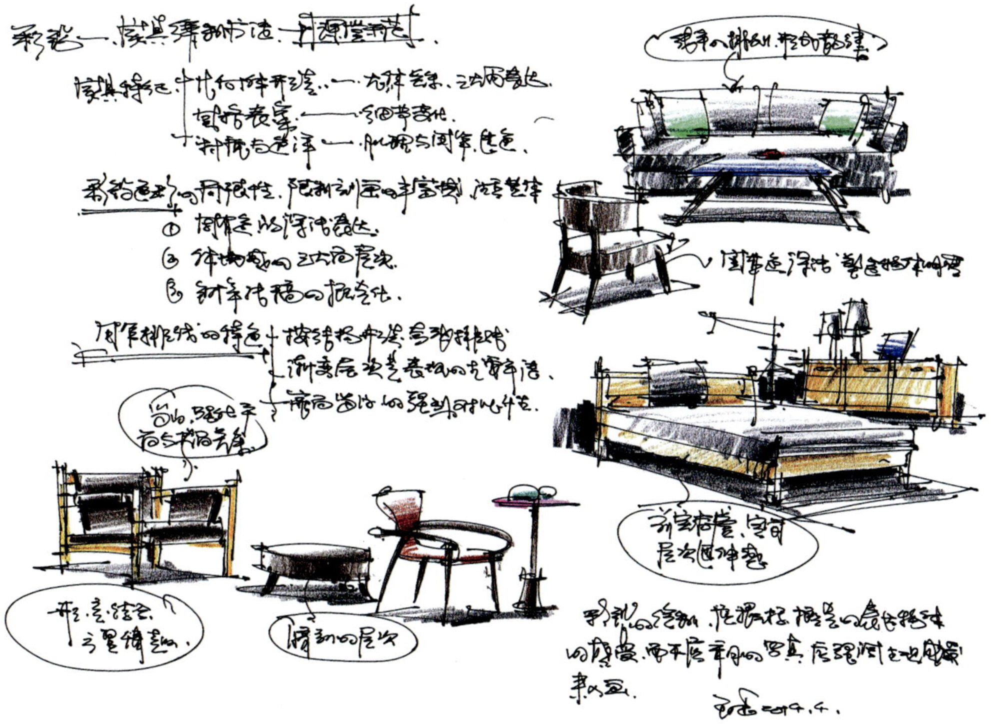

图 4-19　彩色铅笔绘制方法及要点（教学手稿）（续）

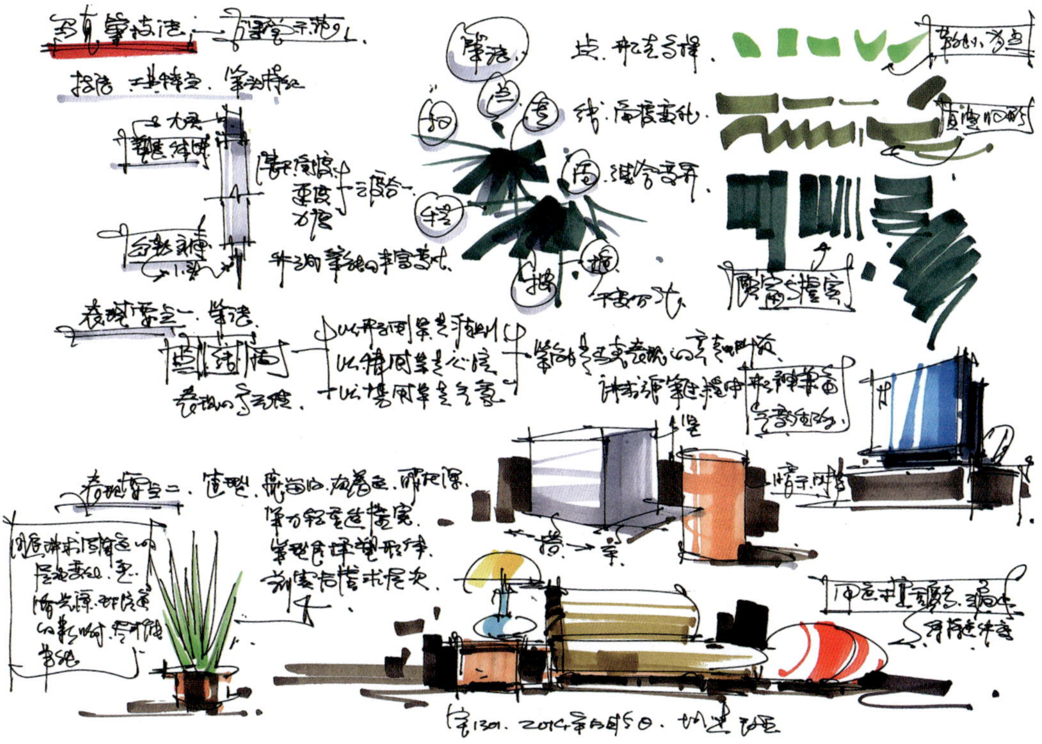

图 4-20　马克笔绘制方法及要点（教学手稿）

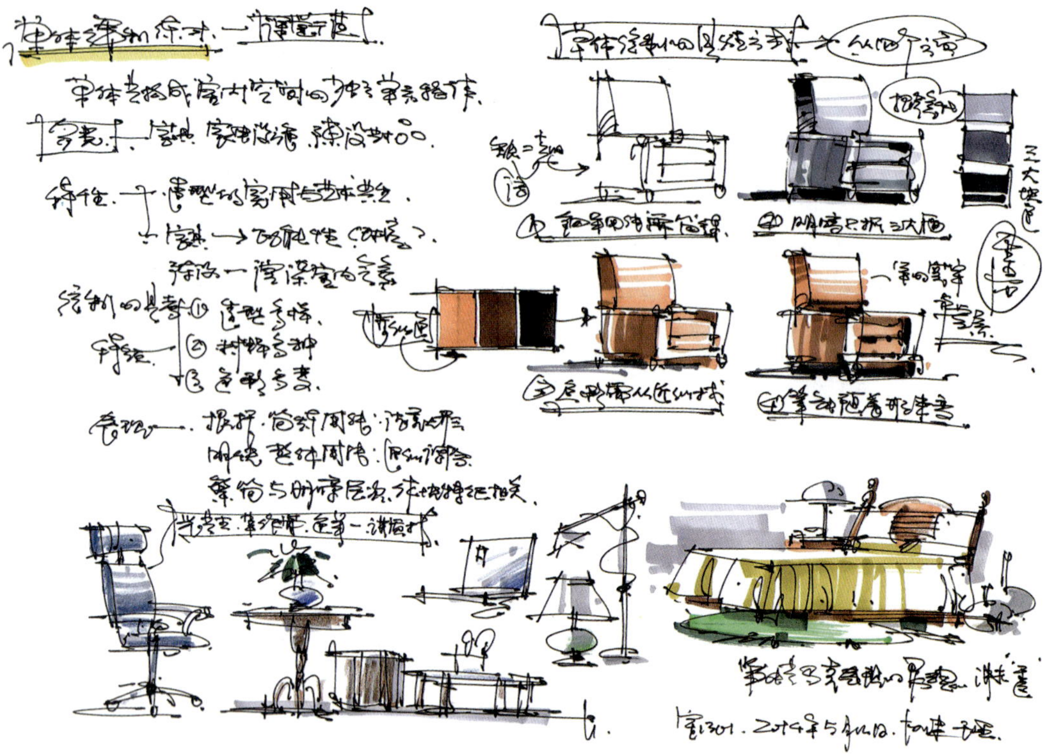

图4-20　马克笔绘制方法及要点（教学手稿）（续）

（3）综合技法绘制要点　综合技法是根据绘制的需要利用两种工具之特色以表现物体，在单体的绘制方面常常为了达到丰富的造型效果，二者兼用是常用的手法（图4-21）。

3. 单体绘制示例

单体绘制的基本步骤可划分为两个部分，即先钢笔起稿，概括用线、力求简练、注重大形、融入几何概念，完成基本形的勾勒，再展开色彩渲染，讲求单纯、把握体块，结合笔触、介入主观意识进行塑造。常用淡彩表现技法的单体绘制示例如下：

（1）单体彩色铅笔技法绘制示例（图4-22）

（2）单体马克笔技法绘制示例（图4-23）

（3）单体综合技法绘制示例（图4-24）

4.2.2　单体组合绘制技法

单体组合训练是室内家具与陈设的单体组合绘制，是学习单体组合的主次关系在绘制过程中如何处理，对于绘制功能空间表现图是不可忽视的，一幅室内装饰表现图涵盖着一定量的各类单体，所以在绘制上应力求主体突出，这就需要对画面涉及的诸多内容进行分门别类的排序，以体现设计意图为宗旨进行绘制。

图 4-21 综合表现技法绘制方法及要点（教学手稿）

步骤一：钢笔起稿，以形为主，注重单体透视、比例与尺度。

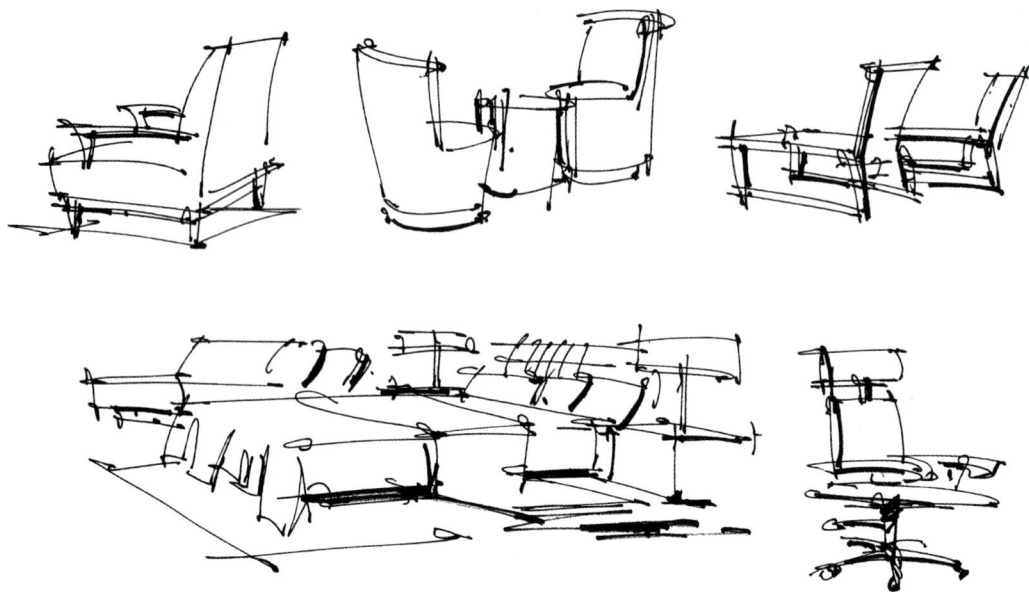

步骤二：彩色铅笔渲染，选择近似色配置，按光影规律渐变涂线。

图 4-22　彩色铅笔单体绘制步骤解析

步骤一：钢笔画形，线条流畅、整体、概括，注重大体几何概念。

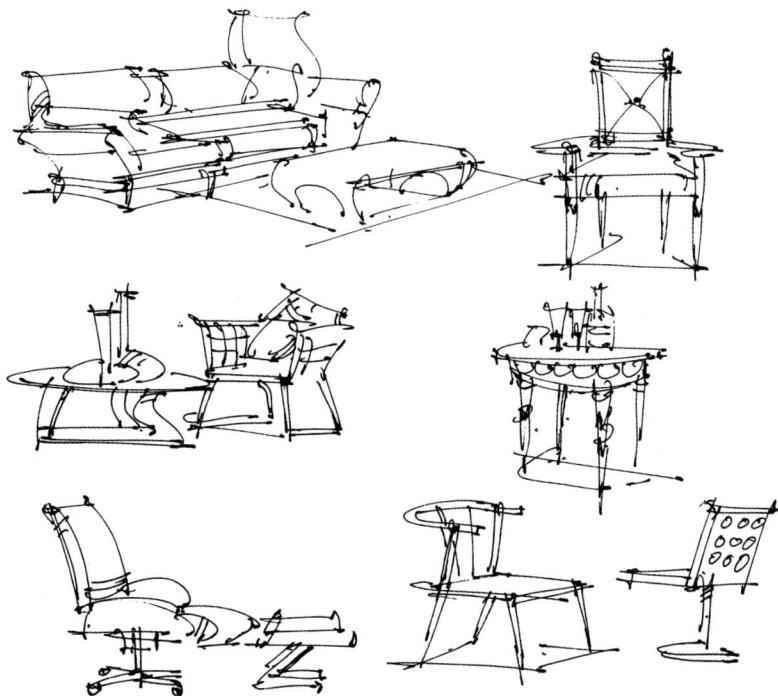

步骤二：马克笔渲染，运用笔触概括形体，讲求笔触造型的结构与韵律。

图 4-23　马克笔绘制步骤解析

步骤一：钢笔造型，线条简练，以外形轮廓和结构特征作为绘制依据。

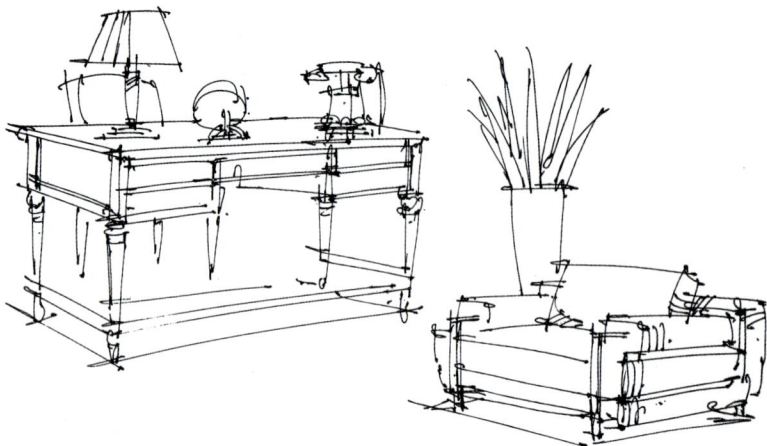

步骤二：彩色铅笔绘制基本色彩层次，注重光影规律形成的明暗层次。

步骤三：运用马克笔笔触渲染层次。运笔技巧节奏、轻重，以形施笔。

图4-24　综合表现技法绘制步骤解析

1. 单体组合绘制原则

室内单体组合表现不同于单体绘制，单体绘制只需考虑单一物体如何绘制即可，而单体组合绘制不单要考虑单体之间的色彩构成、明暗层次、笔触美感，相互之间的对比关系也必须认真考虑，本着家具为主，陈设为辅的基本原则，把握好物体之间是对比还是协调、用笔是轻还是重、细节是丰富还是概括，只有处理好这些矛盾才能达到完美表现对象的目的（图 4-25）。

图 4-25　单体组合绘制是如何把握主体与客体相互之间的透视、
构图、色调和光影关系

2. 单体组合绘制要点

在单体组合绘制程序上力求做到先大后小、先近后远、整体协调的基本观点。协调好单体之间的主次，轻重之分。控制好单体所处不同位置和刻画深度就可以了（图 4-26）。

图 4-26　生活的空间情趣也是单体绘制过程中需要考虑的要素

3. 单体组合绘制示例

单体组合绘制在于区分主次、划分层次、利用对比进行表现。当然，绘制的步骤同样是先钢笔造型，再运用淡彩渲染两个步骤。

（1）单体组合绘制示例（图4-27）

步骤一：钢笔起稿绘制基本型，重在整体淡化细节。

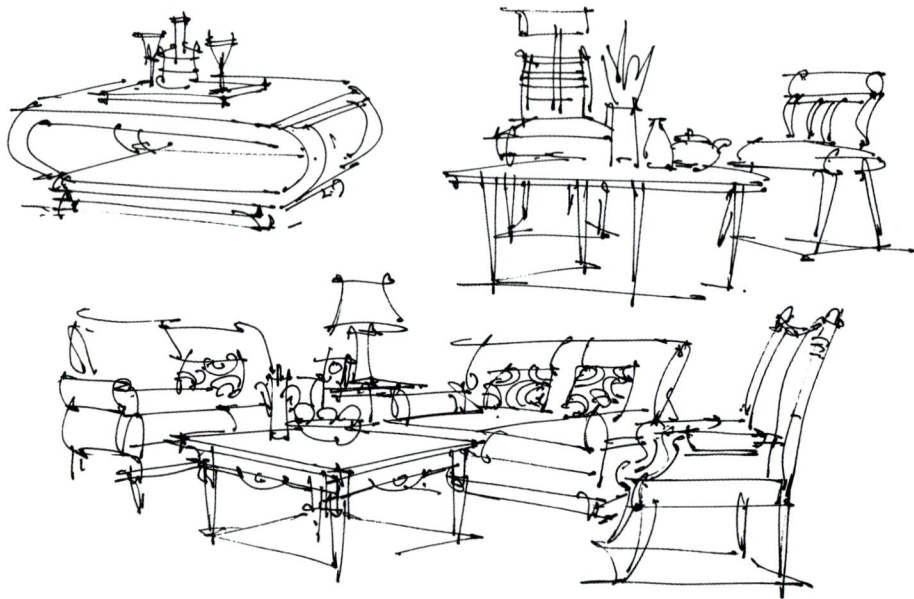

步骤二：模块表现讲求笔触，以形用笔塑造体面。

图4-27　客厅单体组合表现解析

（2）多元单体组合绘制示例（图4-28）

步骤一：在多元单体组合的画面，因内容多则构图复杂，把握透视是关键。

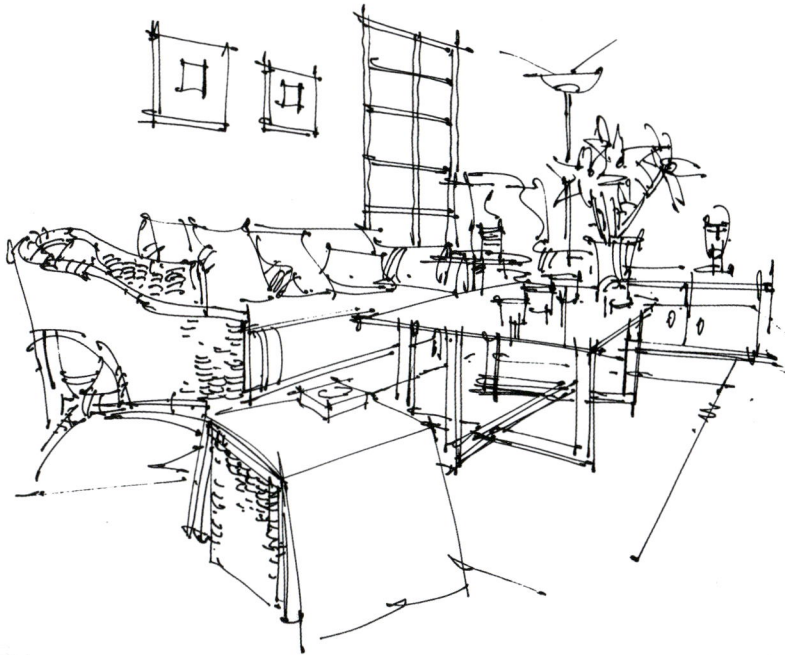

步骤二：笔触塑造应依据造型特征、肌理纹样和材料质地。

图4-28　起居室单体组合表现解析

（3）室内一角绘制示例（图4-29）

步骤一：阳台依托界面构成的室内局部概念空间环境，绘制讲求构图性和情趣感，钢笔起稿应注意各个单体在画面中的尺度与比例，近景与远景。

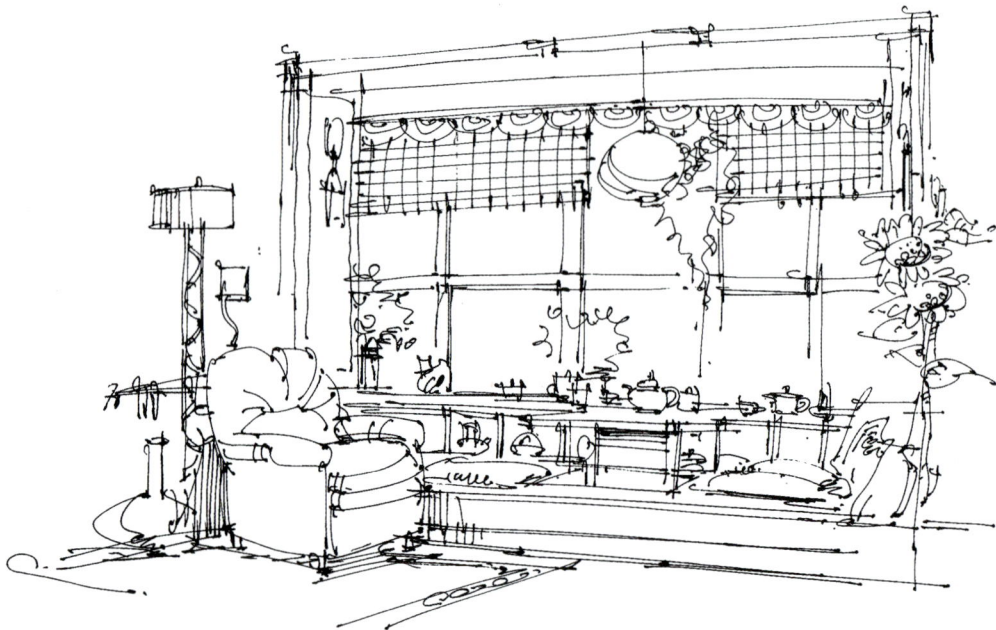

步骤二：色彩绘制方面既要考虑单体的丰富感，也要保证总体的色调，同时马克笔的表现更需符合形体构造，画面的层次渲染宜夸张、清晰。

图4-29　阳台单体组合表现解析

4.3 室内空间表现图绘制技法

熟练掌握室内装饰表现图绘制是学习的目标。面对室内设计方案所包含的丰富内容，用一幅表现图完全表达是不可能的，只能选择最佳视角来绘制，是需设计师用心良苦的。

一幅完美的表现图必须就画面构图、角度选定、透视选择、趣味中心的构建、色调的统一、光影与画面层次的处理等用心揣摩，基于对单体和单体组合的训练，在细节或局部上应该说是有了底气，这里要解决的主要问题就是室内空间与复杂、多元单体之间的关系了，为了能够掌控画面全局，协调相互关系，就绘制的要点进行进一步剖析（图 4-30）。

图 4-30 简约风格家居客厅

一幅具有风格、情趣，且完美的室内空间表现图，应该是集构图的趣味性、透视的准确性、色调的和谐性、明暗的概括性和笔触韵律感于一体的表现

4.3.1 室内环境表现内容

室内环境表现的对象是空间（界面）与诸多单体之间的所营造的功能特性与气氛，通过有机的画面处理产生的艺术趣味。

1. 室内空间的界面

室内界面，是构成空间的载体，同时也是限定空间，营造气氛的重要依据，包括墙面、地面、顶棚、门、窗、柱、楼梯扶手等依附于建筑的构造元素的造型特征表现。

2. 室内家具与陈设

家具，因体积相对较大，具有强化室内功能，形成室内格调和气氛。陈设品，体积相对小得多，在空间环境中起平衡构图，点缀界面、渲染画面气氛的作用。

4.3.2 室内环境表现要素

1. 构图要素

室内环境因功能的多样性，在表现的过程中采用什么样的构图才能更好的表达功能空间的性质和情趣是一幅表现图成败的第一要素。

2. 透视要素

室内空间中家具陈设品的布置有规则，也有不规则，在透视类型的选择是有所区分，根据布置状态可以划分为两种类型，即室内空间透视与家具陈设的布置呈平行状态的同一性，室内空间透视与家具陈设的布置呈不规则状态的多样性。

3. 光影

画面光源角度的设计如何关系到室内表现图的三个不同，即距光的远近导致物象虚实不同，物体固有色不同所体现的黑白层次不同，主次位置不同采用的表达手法不同。

4. 色彩

表现图的色彩运用，一是画面总体色调的建立，运用大调和、小对比的原则；二是画面以单体固有色在受光状态的深浅特征绘制，一般可不考虑光源色、环境色的影响。

5. 笔法

淡彩表现主要依托彩色铅笔或马克笔的线条排列产生的笔触来表现对象，在绘制过程中应遵循三点，一是笔触运行中变化规律，二是笔触之间的间距把握，三是笔触与空间界面和单体造型特征的关系（图4-31～图4-33）。

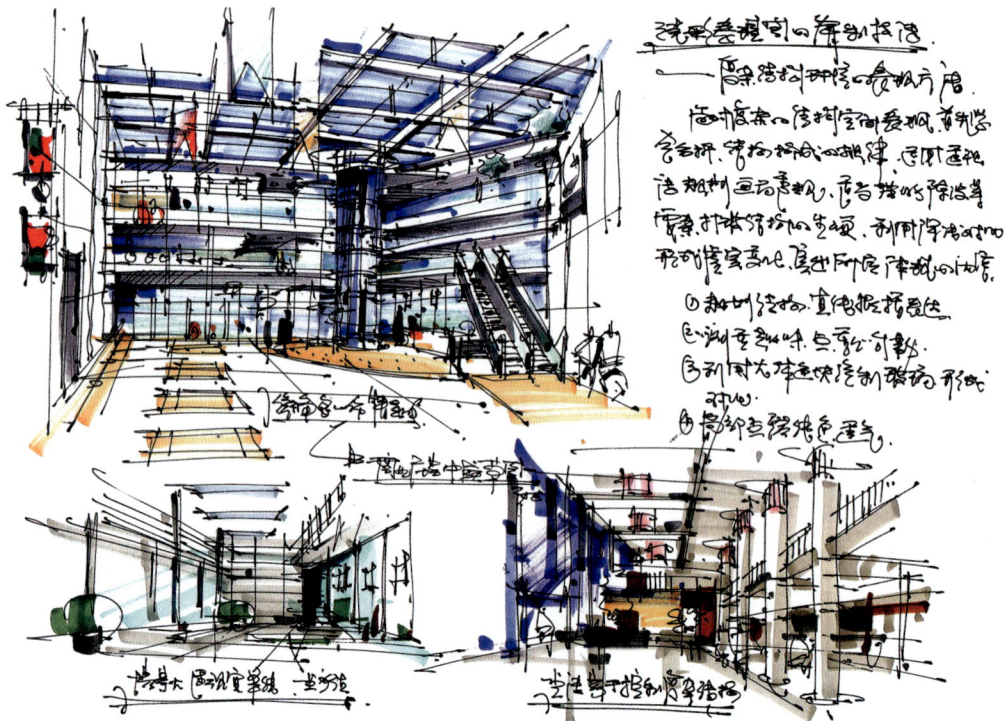

图4-31 工装表现图的绘制技法解析（教学手稿）

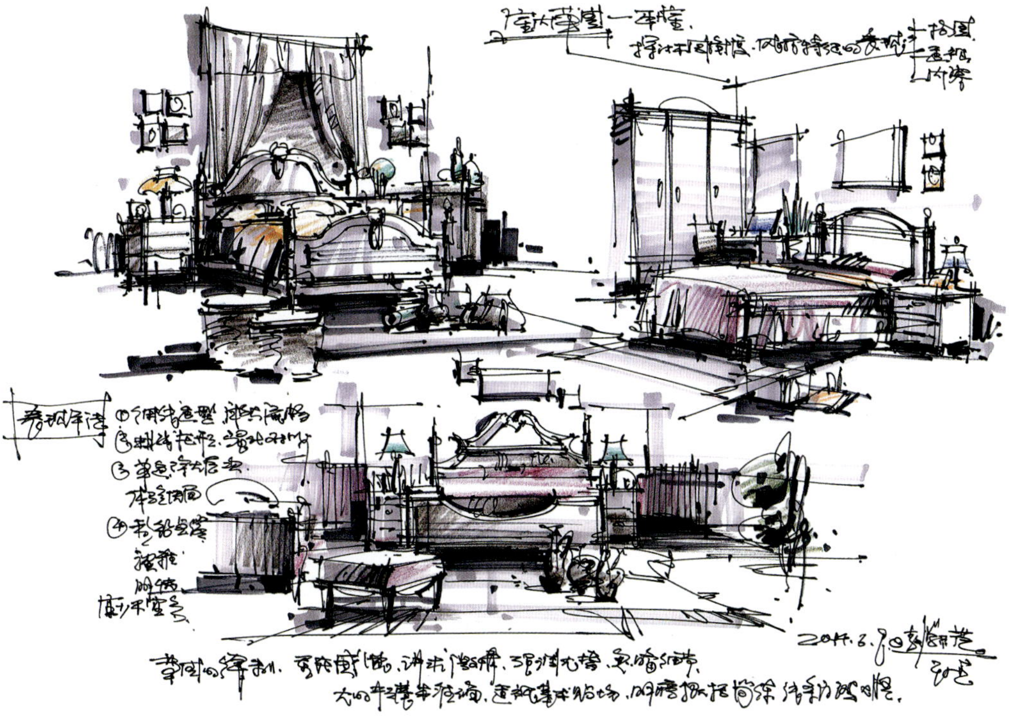

图 4-32　卧室表现图角度探讨（教学手稿）

图 4-33　儿童房

清晰、活泼、天真，丰富混搭的室内家具与陈设品，概括流畅的笔触营造富于个性化的私密空间

4.3.3 室内表现图绘制步骤

1. 彩色铅笔表达步骤

彩色铅笔表现图的绘制步骤分为两个方面，即钢笔起稿与色彩渲染。值得注意的是，彩色铅笔是主要表现工具，钢笔的线条以起稿造型为主，可弱化明暗和肌理，讲求线条的概括、简练、整体，给予彩色铅笔以发挥的空间（图4-34）。

步骤一：钢笔起稿，以外形为主、适当勾勒内形，形成对比，适当描绘局部明暗、肌理。

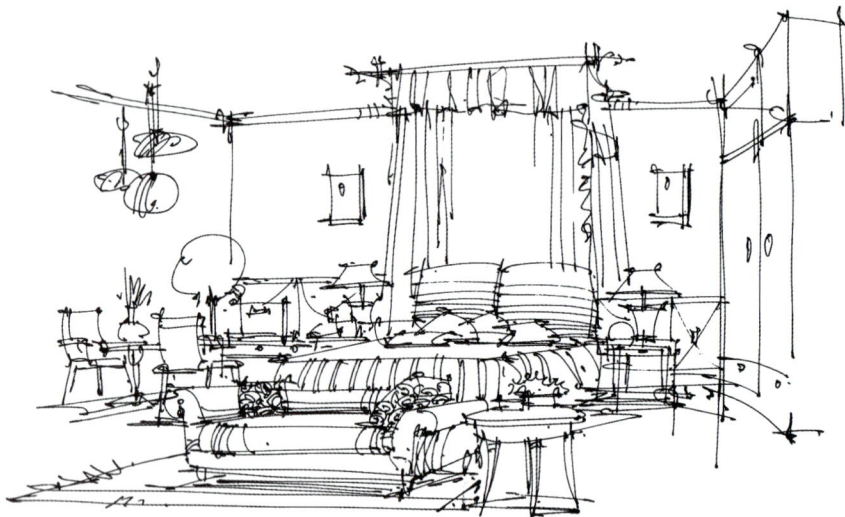

步骤二：彩色铅笔渲染，关键在绘制物象的画面地位需要的绘制深度、与光影关系形成的线条排列技法应用。

图4-34　主卧室表现图，彩色铅笔绘制步骤解析

2. 马克笔综合表达步骤

马克笔表现图的绘制步骤有两个大的方面组成，即钢笔起稿与色彩渲染，值得注意的是，马克笔是主要表现工具，钢笔用于起稿，应简练、整体，弱化明暗和肌理特征（图4-35）。

步骤一：钢笔起稿，以外形轮廓为主、适当勾勒内形，明暗和肌理采取暗示性描绘。

步骤二：马克笔着色，从主要物体大形入手，由浅色到深色画起，渲染过程中注重笔触的灵活运用，并侧重重点刻画。

图4-35 卧室表现图，马克笔绘制步骤解析

3. 综合技法表现步骤

综合技法表现是钢笔+彩色铅笔+马克笔的表现方法，融合了各工具的特点于一身，构

成以彩色铅笔铺垫，马克笔造势的画面意趣（图4-36）。

步骤一：钢笔起稿，绘制外形及内形轮廓，明暗以排线暗示，勾勒肌理特征。

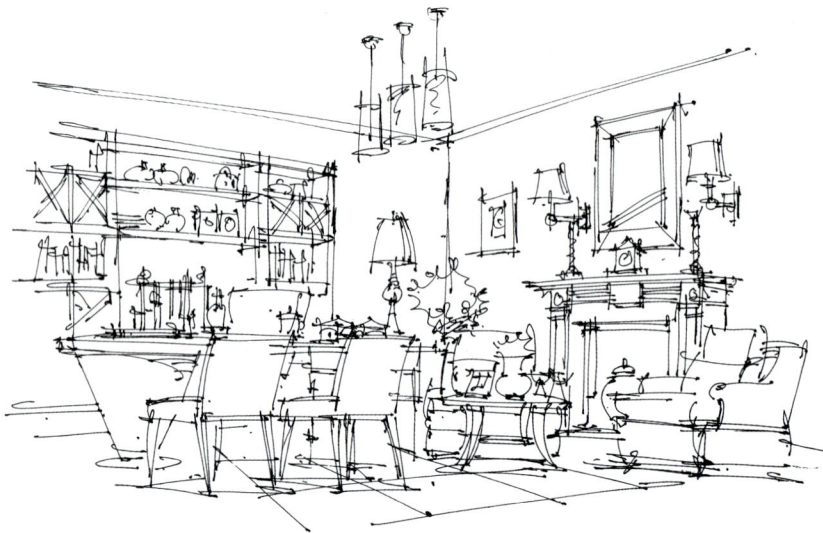

步骤二：首先彩色铅笔着色，渲染画面基本色彩，由浅到深画起，形成层次变化；然后马克笔着色，以灰色系列笔为主，加强画面层次塑造，形成画面总体色调图。

图4-36　欧式风格餐厅，综合表现技法步骤解析

本 章 小 结

本章就彩色铅笔表现、马克笔表现二类常用的透视图绘制技法进行了详细的介绍，旨在

通过课程理论教学和实训活动帮助学生掌握科学的表现技巧和正确的绘制方法，并能够服务于职业岗位。

实 训 内 容

1. 室内单体、单体组合实训（图4-37～图4-39）
2. 室内一角综合技法实训（图4-40～图4-42）
3. 综合表现技法实训（图4-43～图4-45）

图4-37　室内单体实训案例

图 4-38　室内单体组合实训案例（一）

图 4-39 室内单体组合实训案例（二）

图 4-40　卧室一角实训案例

图 4-41　起居室一角实训案例

图4-42 工作室一角综合实训案例

图4-43 家居客厅表现图综合实训案例（一）

图 4-44　家居客厅表现图综合实训案例（二）

图 4-45　家饰用品卖场表现图综合实训案例

本章教学计划安排
教学课时安排

项 目 ／ 课 时		表现基础训练内容	教学方法	作业要求
课内	20	淡彩单体、单体组合绘制实训，彩色铅笔、马克笔表现图绘制训练。	案例教学、过程演示、配合辅导。	绘制单体、单体组合、淡彩表现图。
课外	40			
合计	60	本课程重在训练学生对室内不同表现技法透视图的绘制能力。		

第5章　建筑装饰草图绘制技法与应用

学习目标：

　　掌握并能够比较熟练地绘制建筑装饰草图，并能够运用草图绘制程序进行方案创意活动，服务职业岗位。

学习重点：

　　了解方案创意内容，把握不同阶段图纸的绘制方法，学会全面控制方案的深化流程。

学习建议：

　　参与仿真或实际项目，熟悉建筑装饰表现手法、绘制程序。

5.1　室内方案草图表达手法

　　室内设计草图的创意表达是方案的一种陈述方式。表达的方式有两类，一类是趋于完整性，具有艺术趣味，可直接提供给客户的室内空间透视的表现性草图；另一类是适宜设计方案探讨、思考创意过程和技术交流的工作性表现图，又曰设计草图。室内设计草图的绘制并没有特别约定的规矩，它所展现的是设计师内心情感的释放所产生的创作冲动，呈现出别具一格的表达方式，只有在这一层面设计师才能找到体现自我的价值（图5-1～图5-4）。

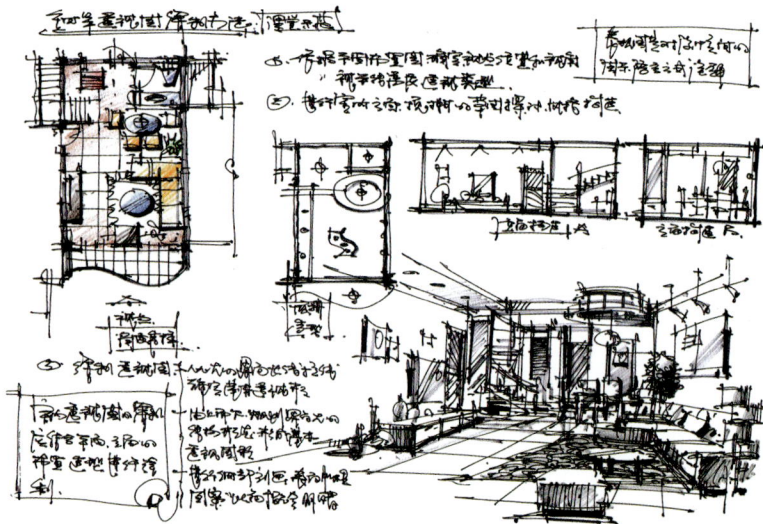

图 5-1　透视图确切地说是对室内空间的二维图纸进行组合构成的三维图纸，呈现的是立体的形象化图纸，是一种直观的表现设计意图手法（教学手稿）

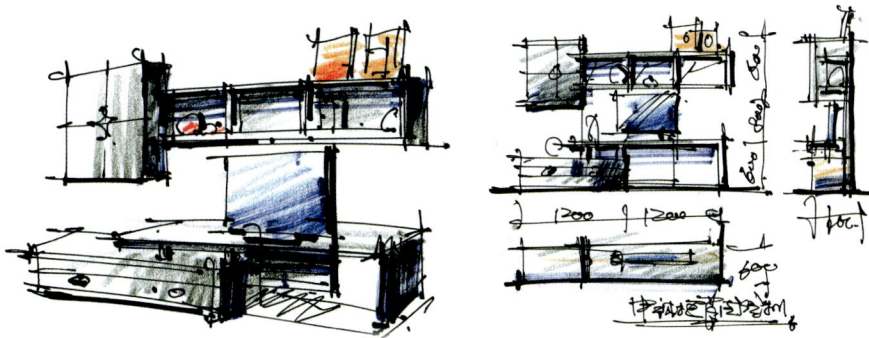

图 5-2　家具草图的表达方式，透视草图在于探讨造型，
平面草图用以分析构造、尺寸

图 5-3　表现性草图由于工具运用的不同，所追求的意蕴不同，
产生的艺术效果也是有所区别

　　草图的表现虽说无特定的模式，但纵观设计师们的表达方式，进行体例分析可发现常见的表现手法有如下几个特点：

5.1.1　草图表达的工作方式

　　一是图文并茂、记录思想：通过概念化的图形绘制、结合必要的文字解读，使草图需要表达的意图能更加清晰。

　　二是内外连动、探索可行：设计是一种非线性思维活动，往往在寻找最佳设计方案过程中，通过外形与平面的关系、造型与技术实施的可行，运用草图反复探讨。

　　三是循序渐进、明确概念：理性的方案是在探索中寻找，对于方案创意、造型样式、意趣深化而言，是需要在不断否定自我中向意向的目标贴近（图 5-5）。

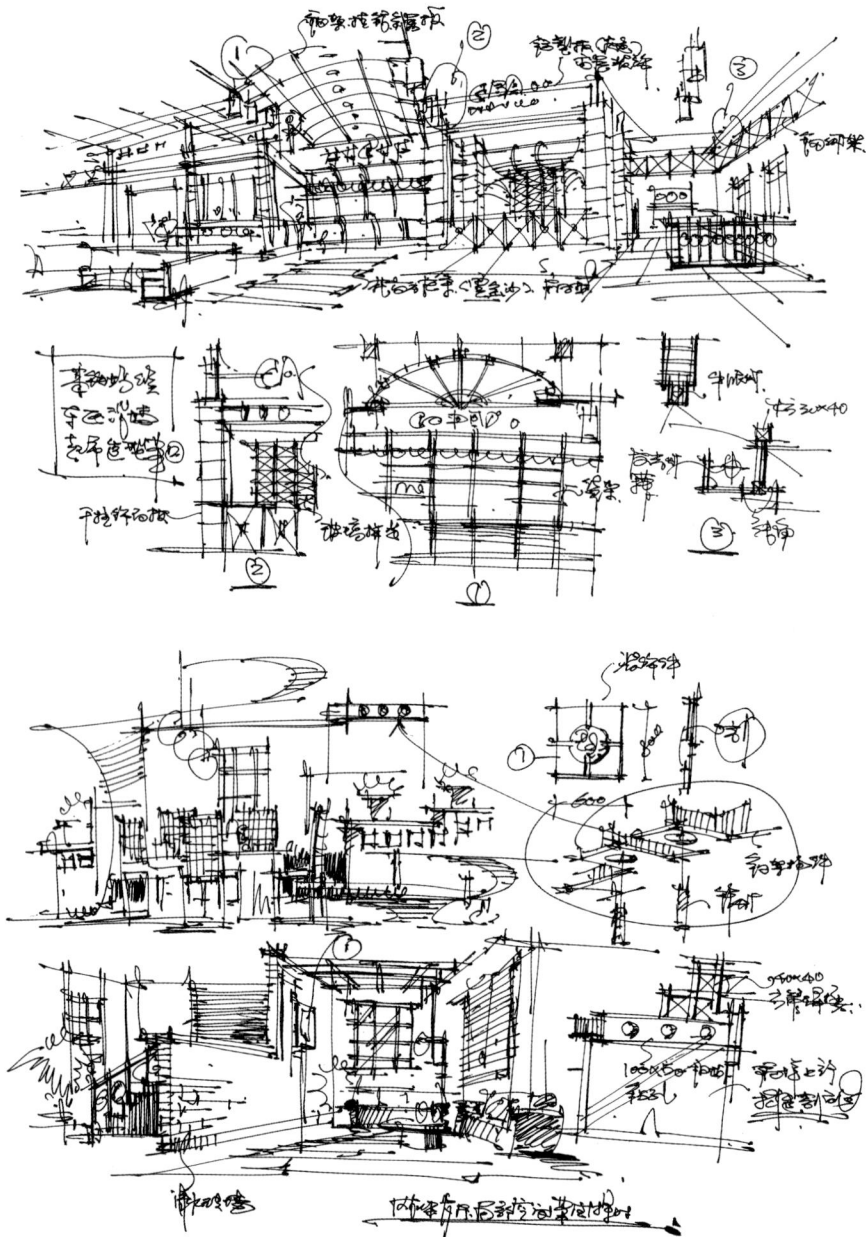

图 5-4 技术性草图一方面帮助绘图人员理解装饰结构，
另一方面现场指导工人进行施工

5.1.2 草图表达的应用手法

1. 符号表达法

将室内家具、陈设的平面模块变异为符号化，应用于草图绘制，特别是复杂平面草图的绘制，图示性的符号语言更有助于解读设计问题（图 5-6）。

图 5-5　客厅设计草图

设计师探讨设计方案的可行性采用的互动草图，思考创意与空间关系

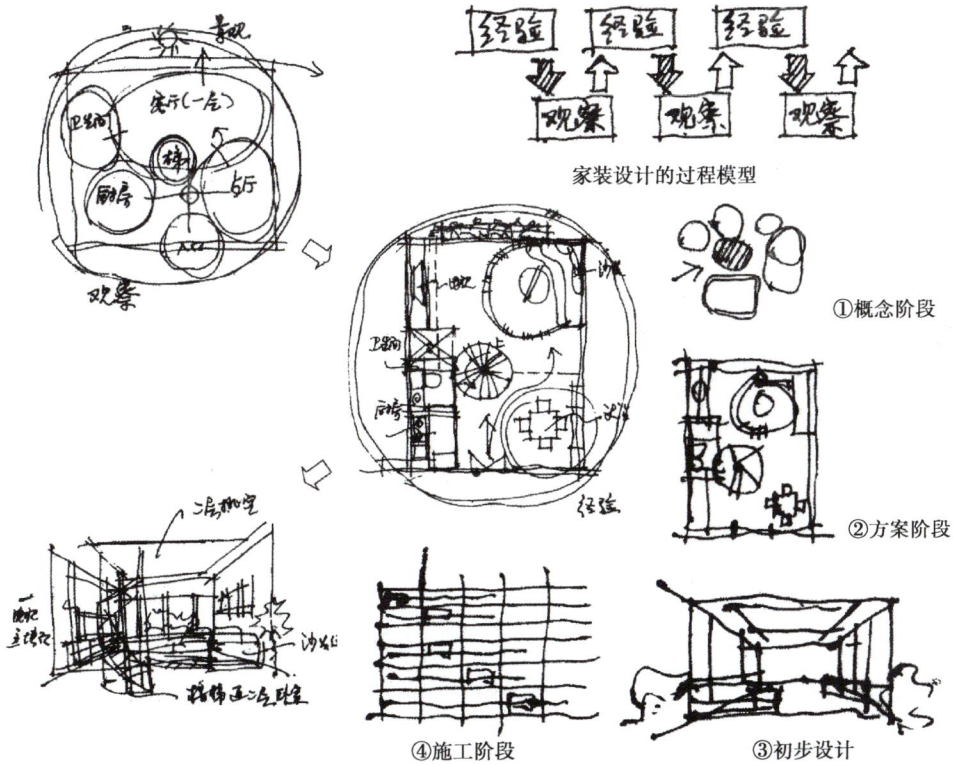

家装设计的过程模型

①概念阶段

②方案阶段

④施工阶段　　　③初步设计

图 5-6　符号表达法

2. 几何表达法

复杂的空间环境、繁杂的室内布置状态，如果基于物体以简化的几何图形，分析室内空间构造、家具设施组合推敲，对探讨空间形态创意则更明晰，更利于控制整体（图5-7）。

3. 图文表达法

图形语言的表现对于细节说明是有一定的制约，而适量的利用文字协助图形说明设计内涵或关键技术、材料，对方案解读则概念更加清晰（图5-8）。

4. 写真表达法

对于草图的表达，无论是平面性草图，还是立体性透视草图，为了真实的提交方案创意的概念绘制的手法运用写真，是该阶段能够提供较为成熟的草图（图5-9）。

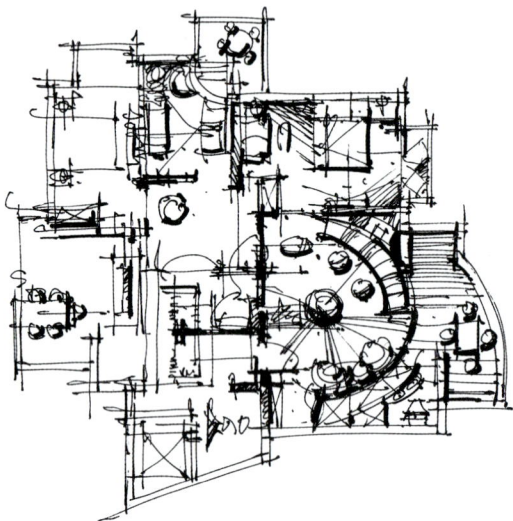

图5-7　几何表达法

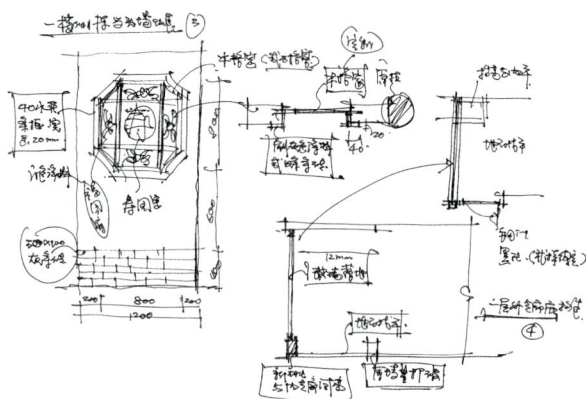

图5-8　图文表达法

图5-9　写真表达法

5.2 室内设计草图绘制技法

5.2.1 透视草图表现技法

草图的工作过程是为确定最终方案服务的，强调的是理性思考与感性表达的默契。

透视草图的绘制主要以探讨室内空间的布置形式或室内装饰风格基本样式，室内界面的构造形态，室内趣味中心创意体验，其目的在于运用表现性草图予以整合创意思考。

1. 室内平面布置草图绘制

室内空间布置形式草图，一方面以解读空间环境的规划形式，一方面表达室内装饰风格基本样式，因此在草图的视角定位、透视类型选择、趣味点确立、室内气氛营造、家具的样式与组合等方面都必须认真考虑。在绘制过程中，虽说是草图但也不能忽视光影、色彩、构图等要素在创意草图中的效应（图 5-10、图 5-11）。

2. 趣味中心创意体验

绘制室内趣味中心创意草图，是为准确把握趣味中心有关主要墙面的造型尺度、样式进行的局部形态透视草图探讨，包括立体体量比较、尺度控制、材料选择等（图 5-12）。

3. 细节透视草图绘制

室内细节透视草图主要探讨建筑构件的装修样式，界面造型的构造透视解析，特色家具的构造透视分析等（图 5-13、图 5-14）。

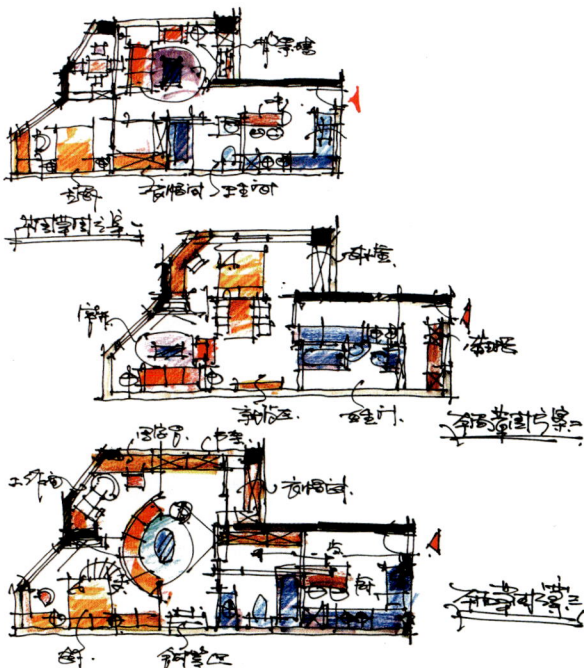

图 5-10 家居空间功能及交通分析图

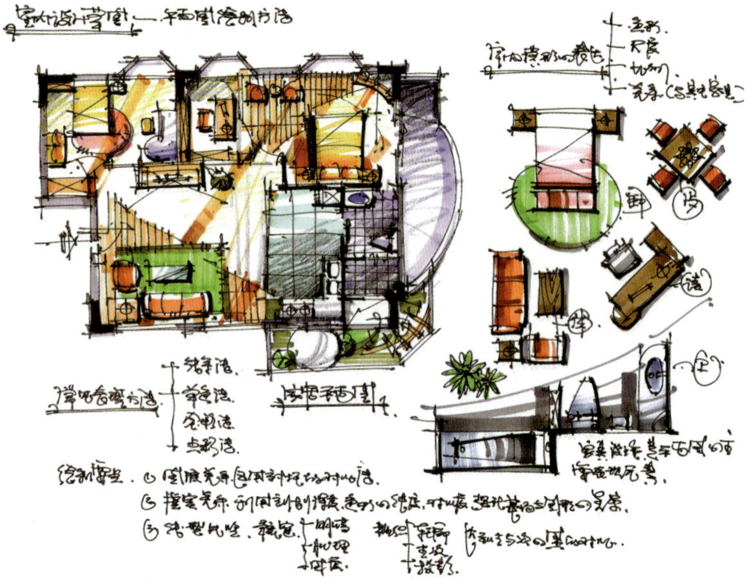

图 5-11　家居空间平面图绘制方法

图 5-12　运用不同表现手法绘制的室内透视草图，
产生的效果和工作的目标是有区别的

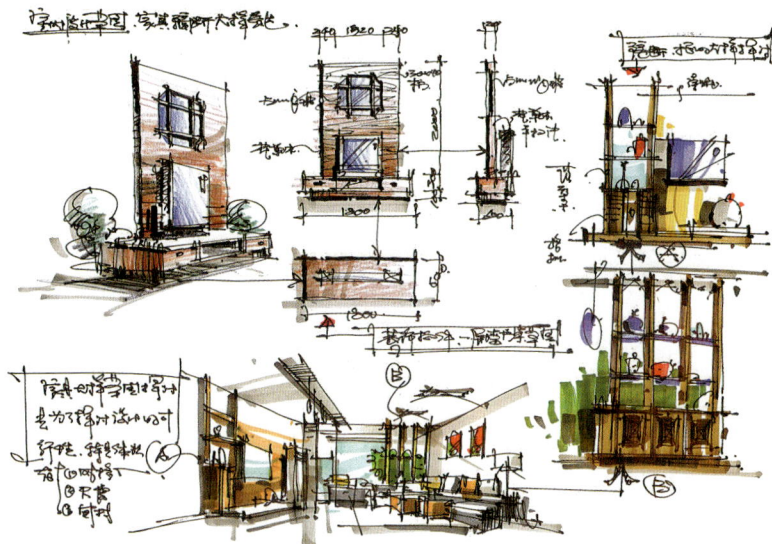

图 5-13 家具造型草图探讨

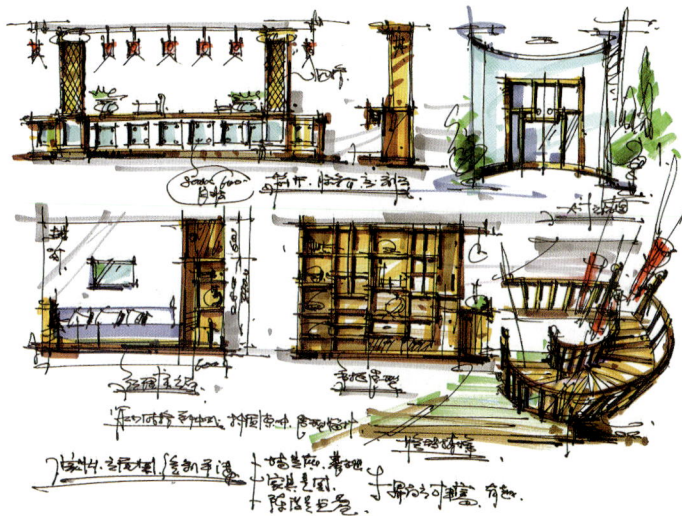

图 5-14 装饰造型草图探讨

5.2.2 平面草图的表达方式

1. 平面草图绘制要点

室内平面草图主要以界面为对象研究平面的布置、造型特点。室内平面草图表现除了构成空间的地面、墙面及顶棚造型特征，还有服务功能的家具、设施和渲染气氛的陈设品，在绘制上要注意三点：一是比例关系，二是造型特征，三是色彩倾向。如在空间中则还要考虑相互之间的协调关系（图 5-15 ~ 图 5-17）。

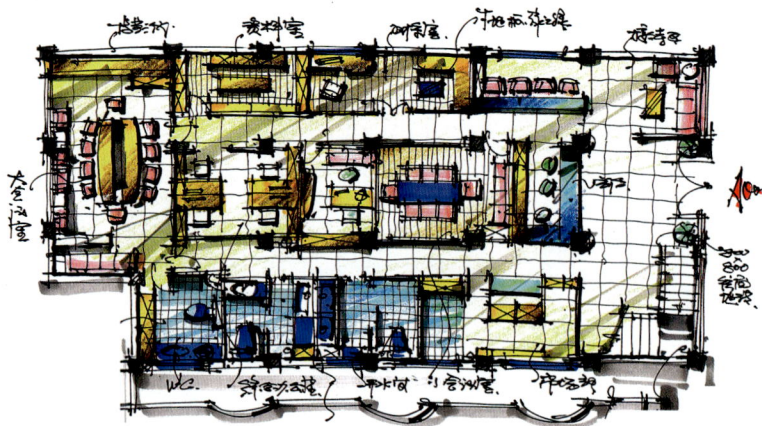

图 5-15　写字楼平面布置草图
平面布置草图的色彩渲染按功能分区运用色彩

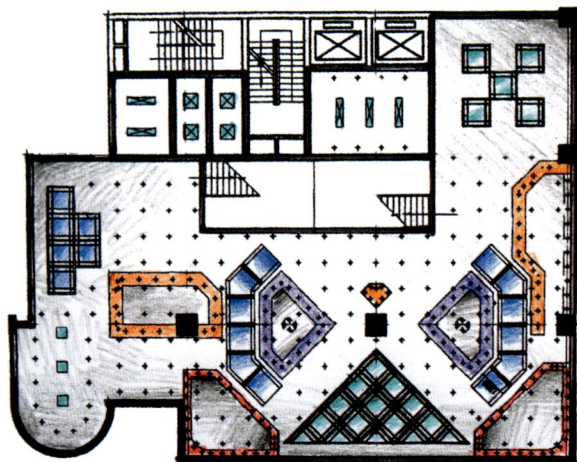

图 5-16　顶棚平面图讲求色彩统一、
淡雅、简练，局部可略有变化

2. 室内草图绘制内容

（1）家具、陈设模块绘制技巧　家具、陈设模块是构成平面图的主要元素，在绘制上应把握基于人体工程学的模数尺寸、相互之间的尺度比照，模块的艺术趣味和组合状态下的主次关系、图底关系（图 5-18 ~ 图 5-20）。

（2）室内平面草图绘制技巧　室内方案平面草图，除了功能分区、交通流线的划分，家具设施的布置形式等基本要素的保证，图面的表现效果也是非常重要的，是方案表达不可缺少的因素（图 5-21）。

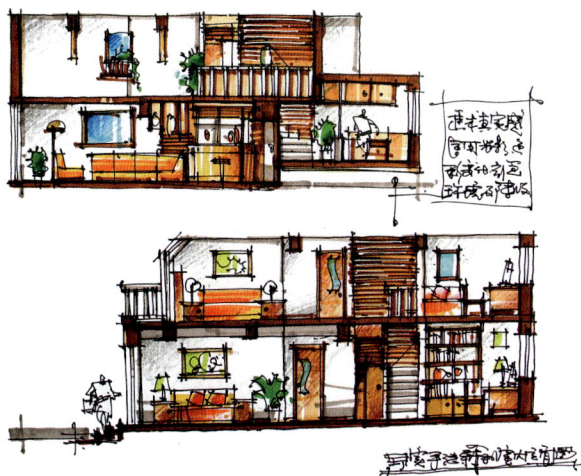

图 5-17　别墅立面草图
依据装饰格调的总体性绘制色彩关系

图 5-18　家具设施平面模块绘制方法

图 5-19　家具设施立面模块绘制方法

图 5-20　陈设品立面模块绘制方法

　　室内创意阶段平面草图，探讨的是创意涉及的技术性问题，包括功能、空间分割、尺寸推敲、交通，家具设施布置形式与数量配置、材料选择等（图 5-22～图 5-24）。

　　（3）立面草图绘制技巧　立面草图的绘制则以造型样式、技术工艺、尺寸推敲、材料选用、剖面结构为主要任务（图 5-25、图 5-26）。

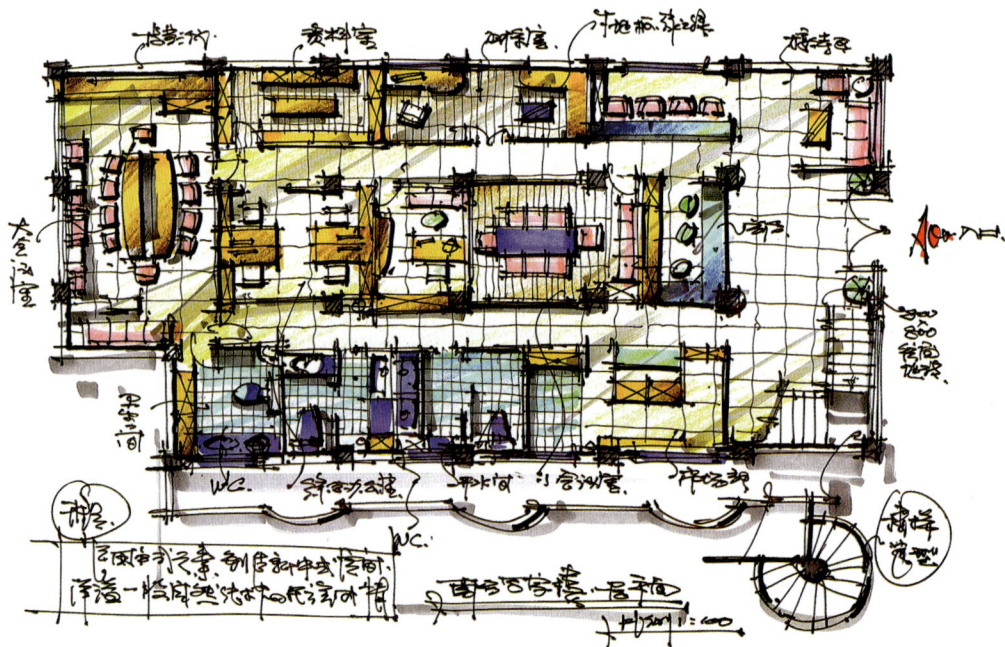

图 5-21　室内地平面、顶棚平面方案草图绘制方法要点解析（教学手稿）

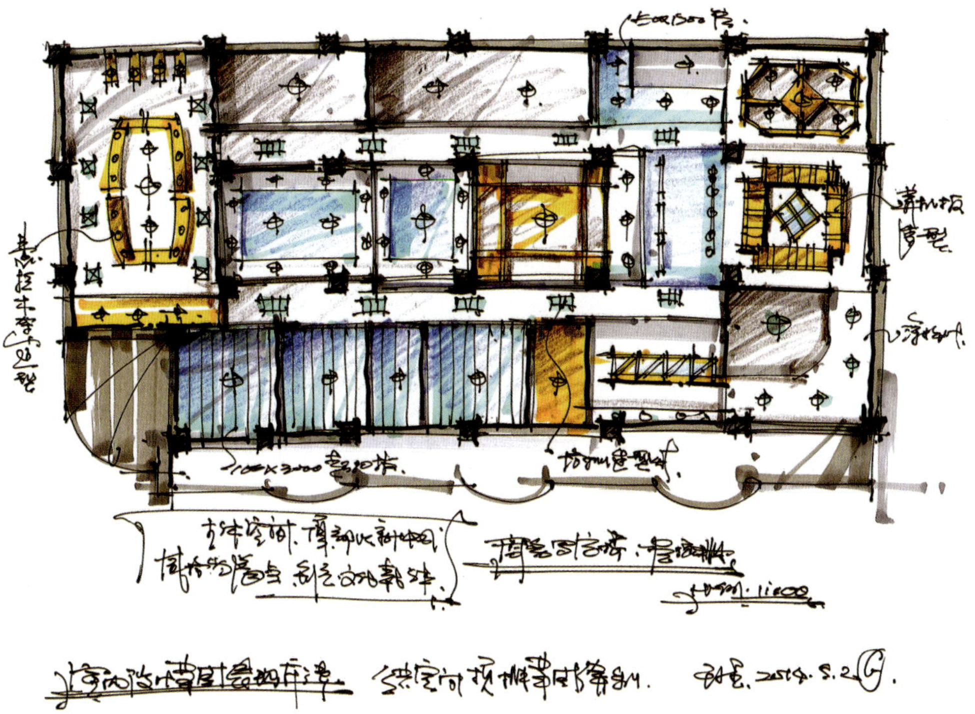

图 5-21　室内地平面、顶棚平面方案草图绘制方法要点解析（教学手稿）（续）

（4）装饰构造草图的绘制　装饰构造草图在于探讨造型构造，工艺手段，特别是复杂的构造体系，除了运用平面、立面、剖面、文字的解析，还需借助透视图的演示，方能够明晰造型的构造，所以说室内装饰设计师如果不谙熟装饰构造，是难以表达完美的创意装饰造型。对于这一类草图原则上不在乎艺术表现效果，而在于如何解读清楚所要设计内容的技术问题，此类草图的工作范围针对两个方面，即施工图绘制的探讨和施工现场技术交底（图5-27～图5-29）。

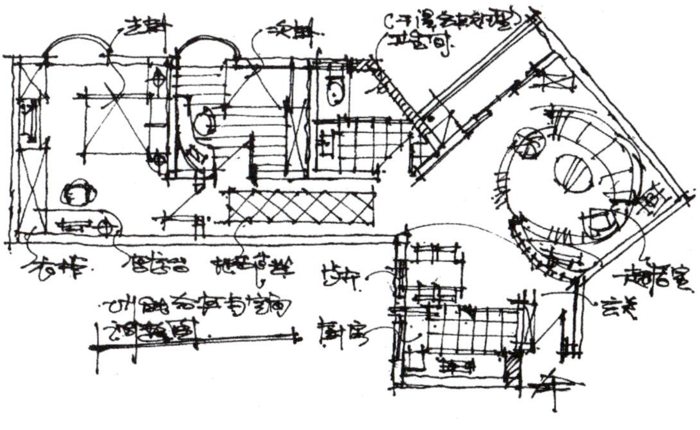

图 5-22　室内功能分区意向图

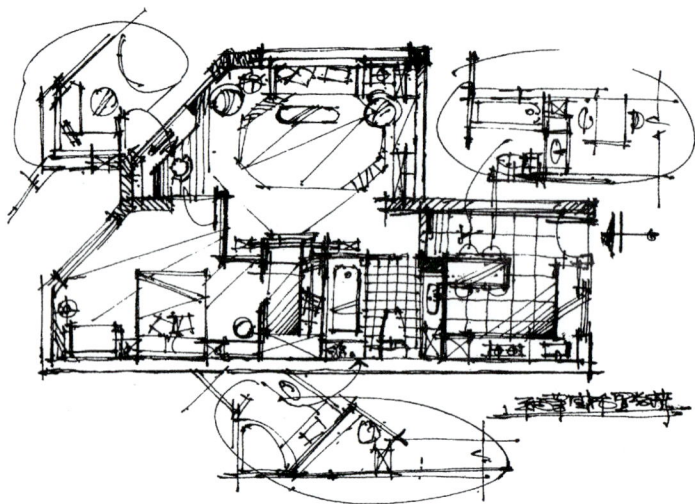

图 5-23　室内局部平面大样分析图

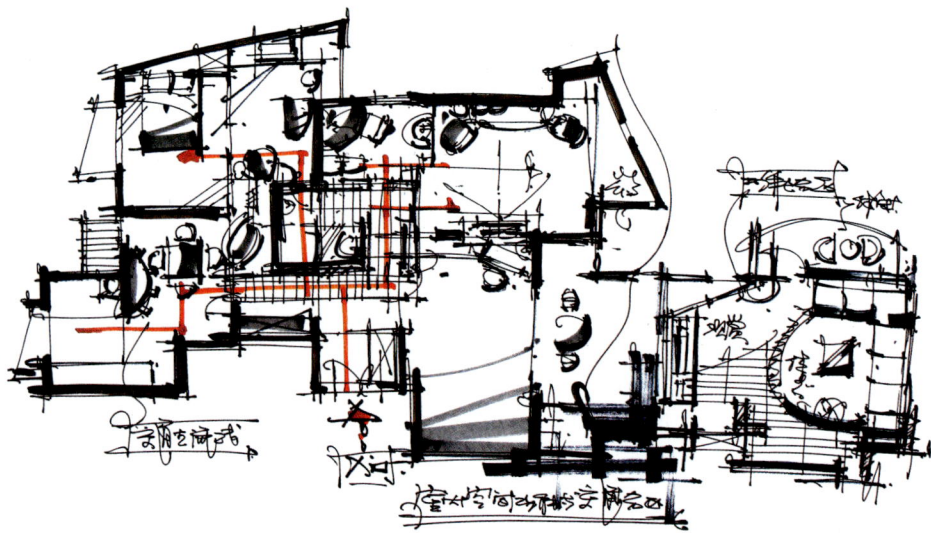

图 5-24　家居室内平面功能空间布置与交通流线分析图

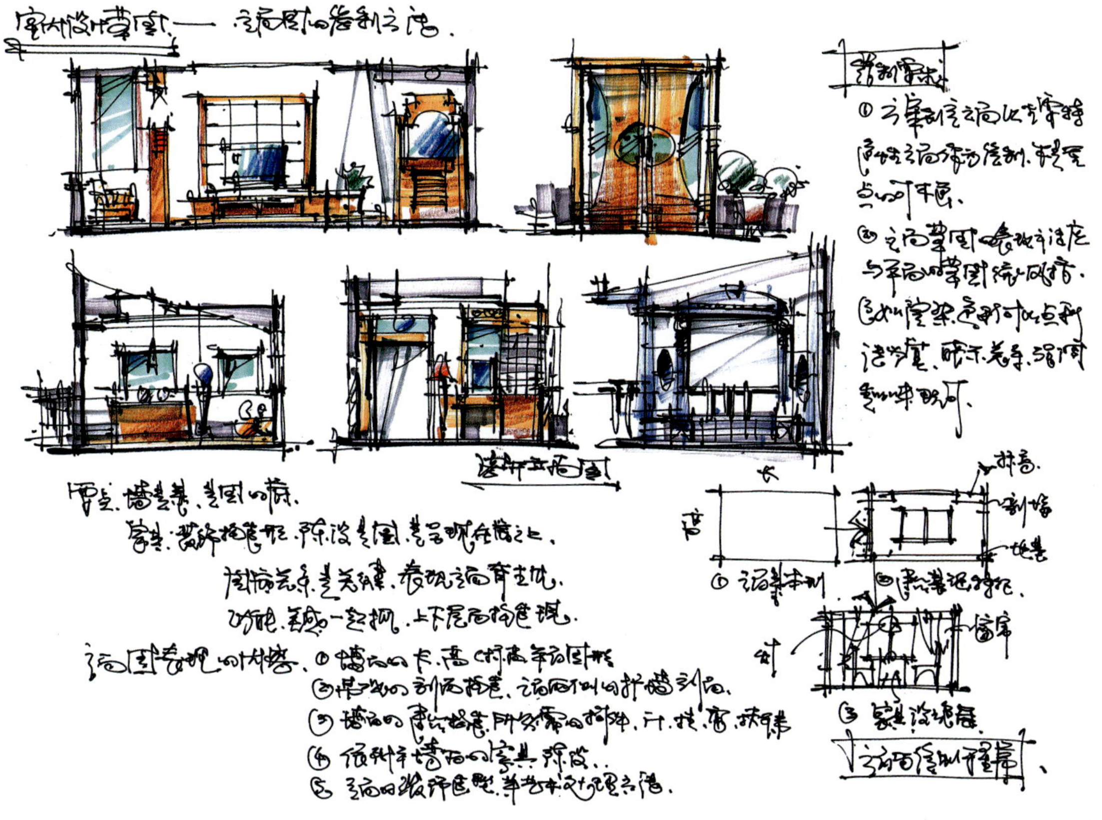

图 5-25　立面图绘制要点及方法解析（教学手稿）

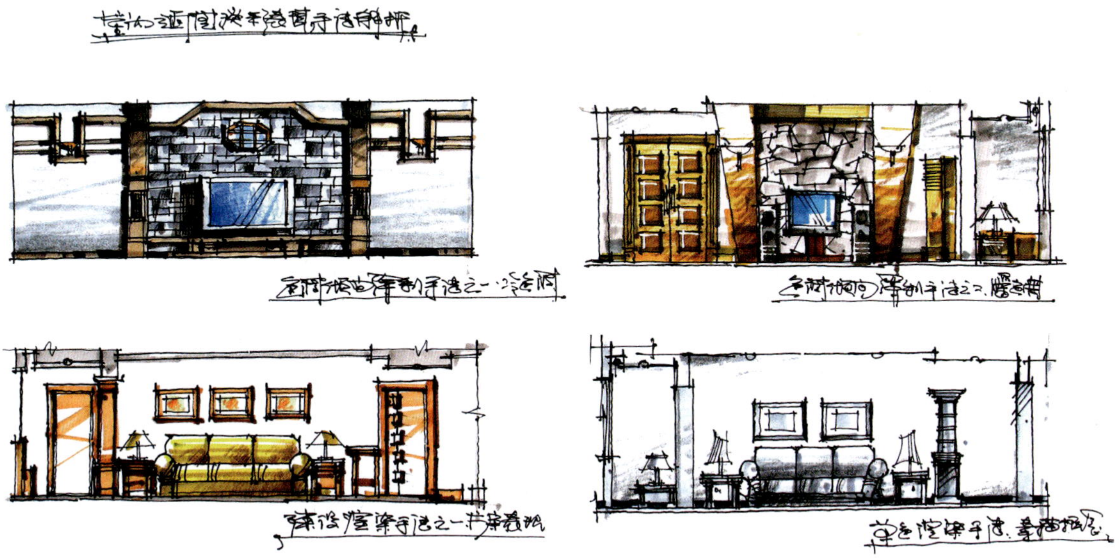

图 5-26　室内立面图表现手法解析：常用的有写实法、色调法、点彩法、单色法四种

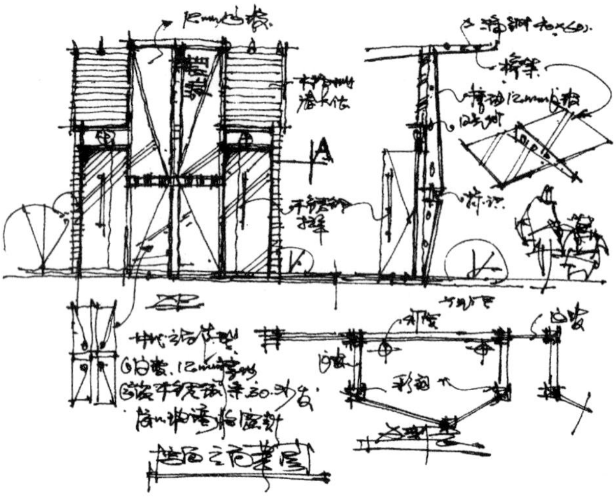

图 5-27　精品店门面构造
装饰构造施工草图

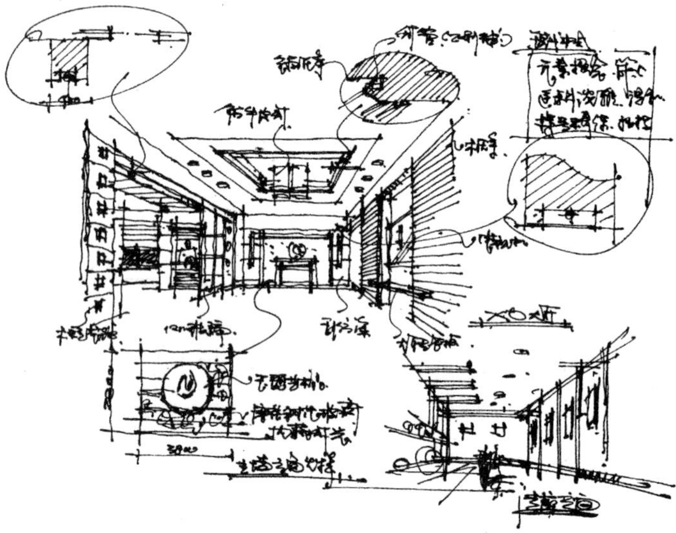

图 5-28　酒店前厅
细部节点构造及施工应用工艺分析

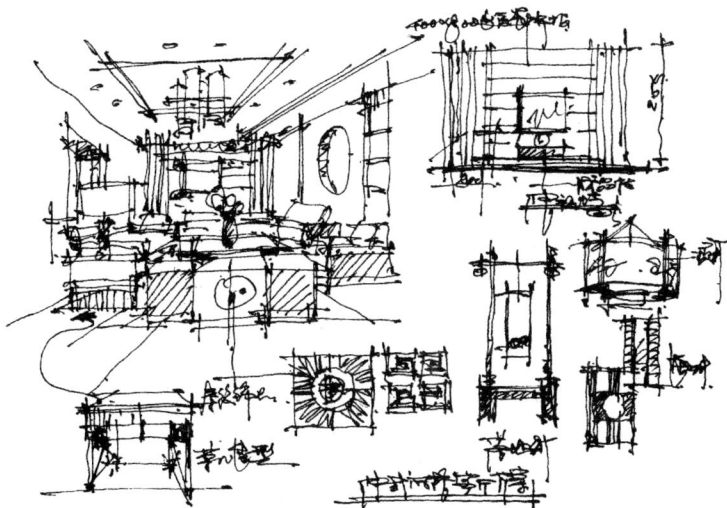

图 5-29 新中式风格贵宾房客厅
局部立面及细部图案选型

5.3 室内装饰方案图纸绘制程序

5.3.1 平面图绘制阶段

1. 平面图绘制内容

室内装饰平面图绘制主要解决建筑给予的空间依据特定功能要求进行创意，重在合理规划功能空间、布置家具设施、设计交通流线。

2. 平面图绘制技巧

平面图绘制应把握三个要素：一是建筑、家具设施的尺度要素；二是墙体、地面、家具设施之间的图层要素；三是空间与物体的色彩、明暗的对比要素（图 5-30、图 5-31）。

5.3.2 室内空间意向透视草图绘制阶段

1. 透视草图绘制内容

作为探讨室内空间创意的透视草图，以立体图形表现室内环境、解析设计方案的基本思路。对于设计师而言透视草图的探讨方式不尽相同，有的强调研究性，对一空间从不同的角度进行解析；也有的注重针对性，对不同的空间节点作比较性分析（图 5-32）。

2. 透视草图技法类别运用比较

透视草图绘制突出三层意思，即"快、意、技"。所谓"快"，就是绘制手法快捷，表达物体讲求形意相连，不拘小节，注重大体；所谓"意"，就是画面富有意趣，空间环境内涵统一，风格特征鲜明；所谓"技"，就是设计师的绘制技术水平，能否熟练的运用钢笔或淡彩得心应手的表现功能空间环境的创意性（图 5-33、图 5-34）。

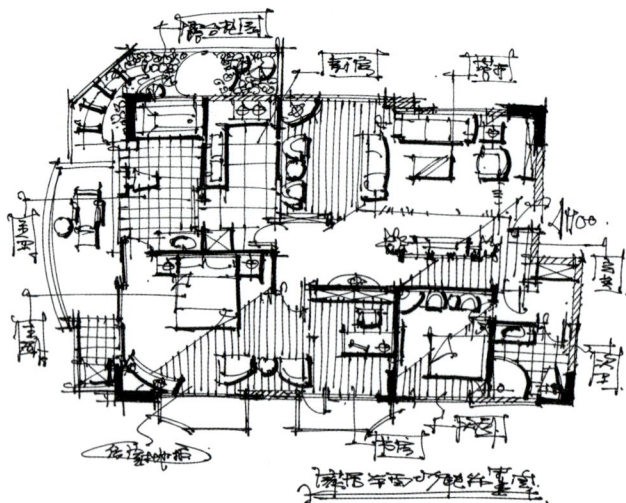

图 5-30　钢笔草图表达讲求线条的疏密排列和
粗细变化形成图层对比

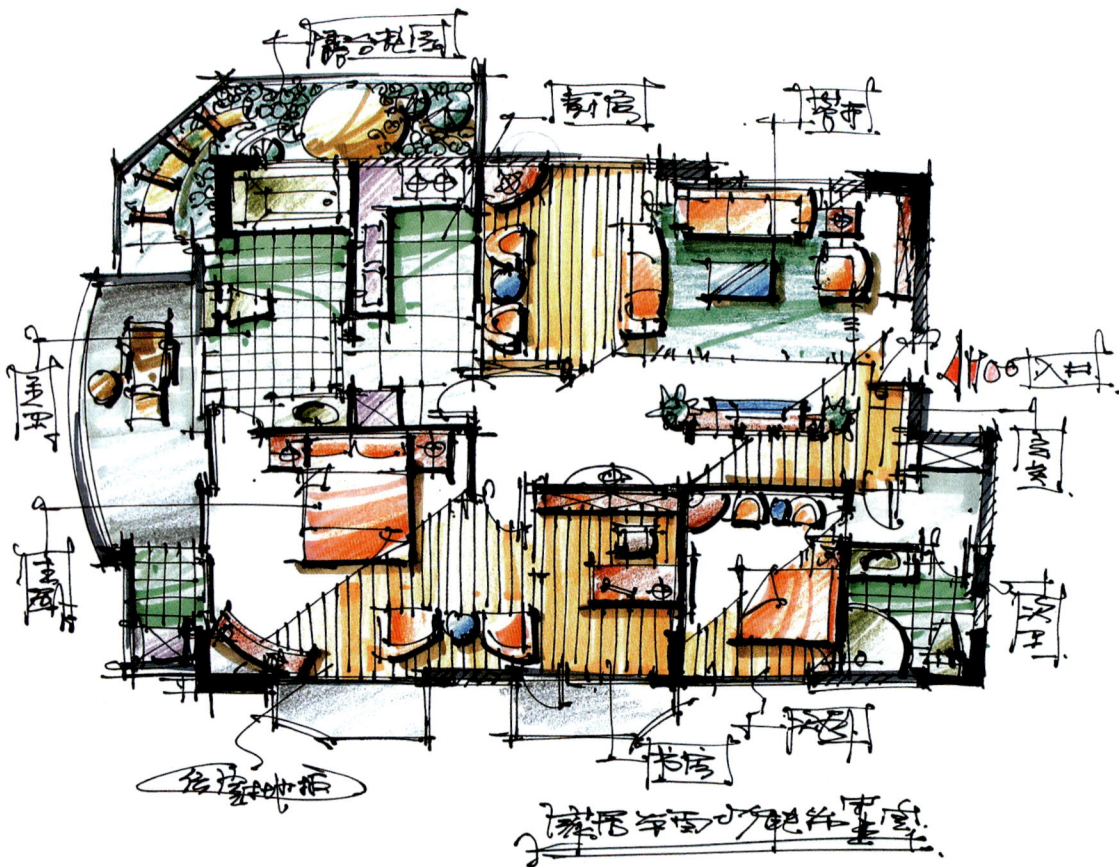

图 5-31　淡彩草图表达，运用色相区别构成图层对比

图 5-32　内容的表现程度取决于透视类型、角度、视点的高度设定

图 5-33　钢笔绘制室内透视草图，旨在探讨空间关系、基本格调，造型特征

5.3.3　立面图绘制阶段

1. 立面图绘制内容

立面图对于室内空间而言同样是不可忽略的，它直接影响我们的视线，是引起我们感知室内的主要界面。设计方案立面图的绘制涉及三个层面，即墙基面、造型面和贴近家具设施和陈设艺术品，同时也应该考虑两侧墙体剖面、顶棚造型剖面和地面装修剖面。

2. 立面图绘制技巧

立面图的绘制主要探讨墙基面与装饰面、家具设施的图底关系表现手法，物体与墙体的竖向尺度关系，背景与图形的构图、色彩、明暗的对比关系（图 5-35、图 5-36）。

图 5-34　家居空间创意方案淡彩草图

室内环境更富于情趣，相互对比更明确，表现主题更清晰

图 5-34 家居空间创意方案淡彩草图（续）

室内环境更富于情趣，相互对比更明确，表现主题更清晰

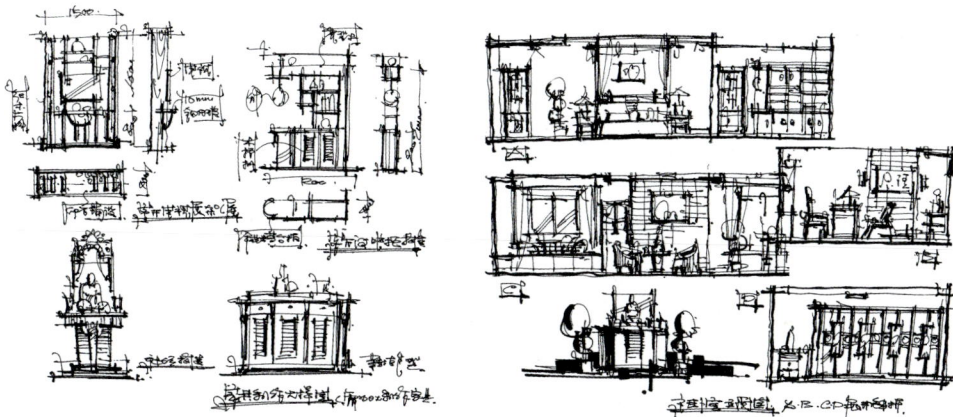

图 5-35 钢笔绘制立面草图

立面草图主要解决墙基面装修造型、建筑构件造型和与墙壁贴近的家具陈设品

5.3.4 顶棚图绘制阶段

1. 顶棚图绘制内容

室内装饰顶棚图主要体现顶棚造型、灯光布置两个方面。

2. 顶棚图绘制技巧

顶棚图是平面图的镜像，灯光布置一般与平面图对应设计，绘制灯具应考虑主次，主要灯具需采用具象符号表达，次要灯具运用抽象符号表达。顶棚图着色除特殊材料装饰需要点缀，一般不宜用色过多（图 5-37 ~ 图 5-39）。

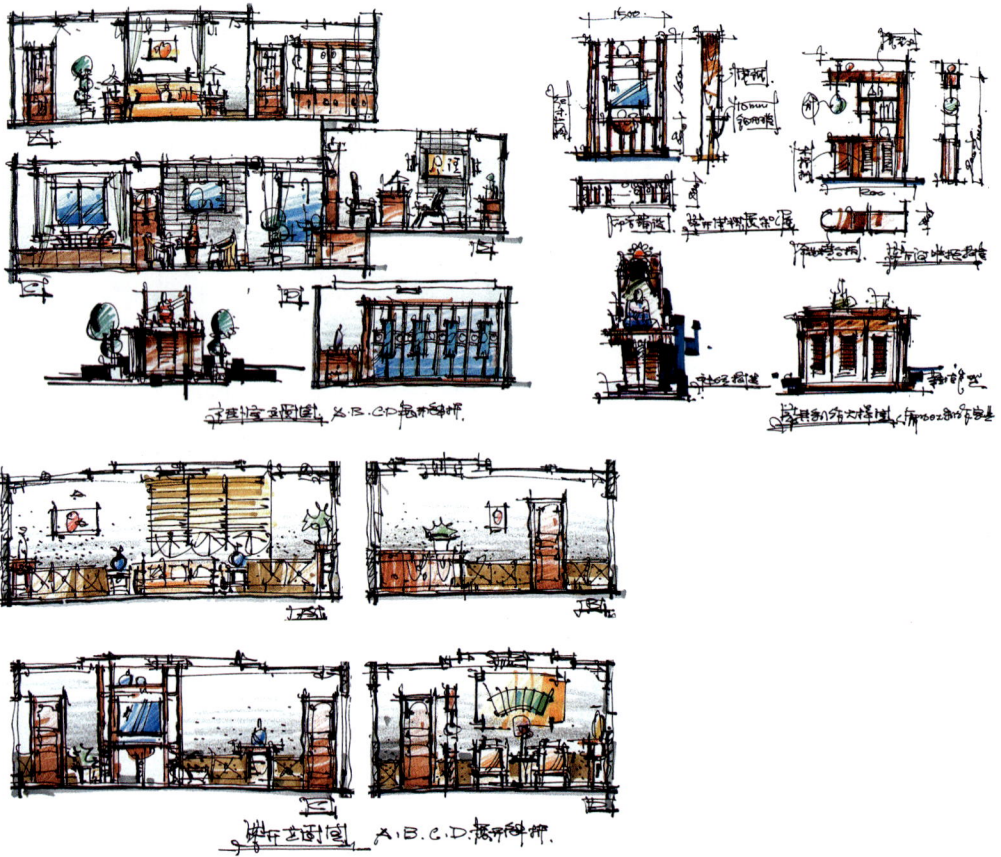

图 5-36　金园一号大户型

淡彩技法表达装饰设计方案，创意立面绘制方法与要点

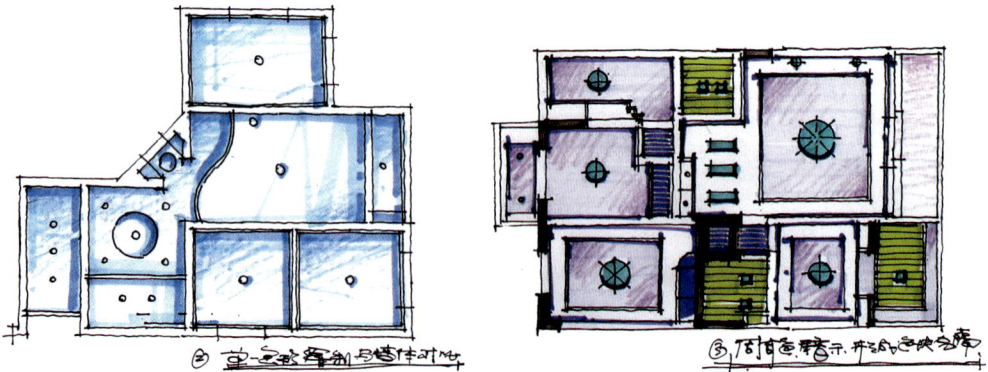

图 5-37　顶棚图的用色宜单纯、统一，给人清新、淡雅感受

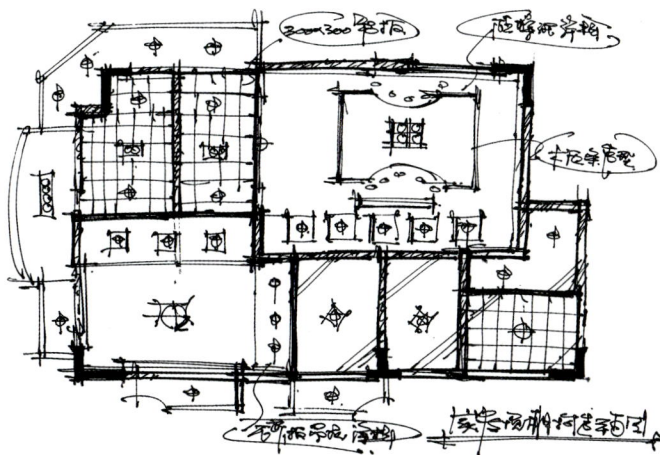

图 5-38 钢笔绘制顶棚草图

主要解决灯光布置与顶棚造型

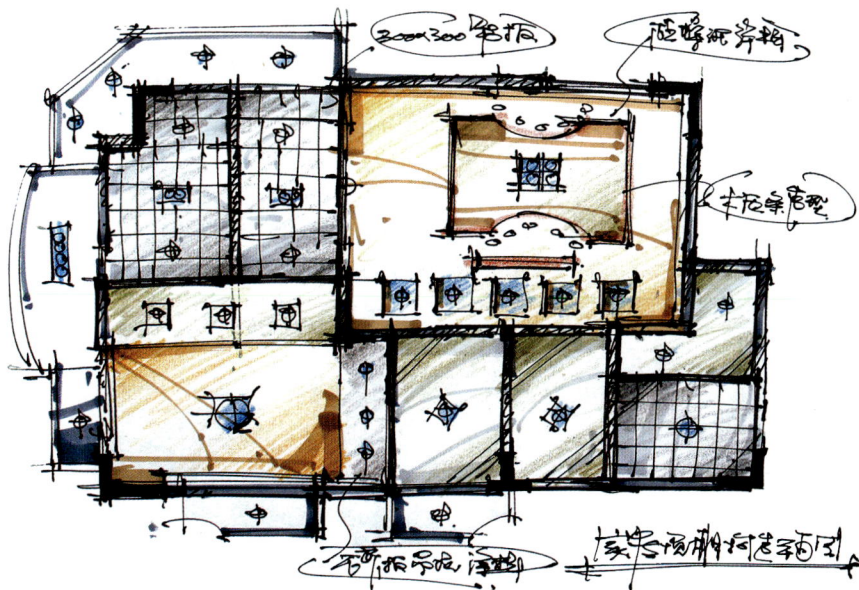

图5-39 绘制顶棚草图用色应与地面功能对应的空间吻合，也可适当考虑固有色特征

5.3.5 室内家具与陈设选型

1. 家具与陈设选型内容

室内家具与陈设选型主要围绕设计风格对影响室内风格特征的主要内容进行设计，包括家具、灯具、艺术品等方面。

2. 家具与陈设选型技巧

采用总体风格统一、表现手法一致绘制（图 5-40 ～图 5-42）。

图 5-40 钢笔绘制陈设品草图

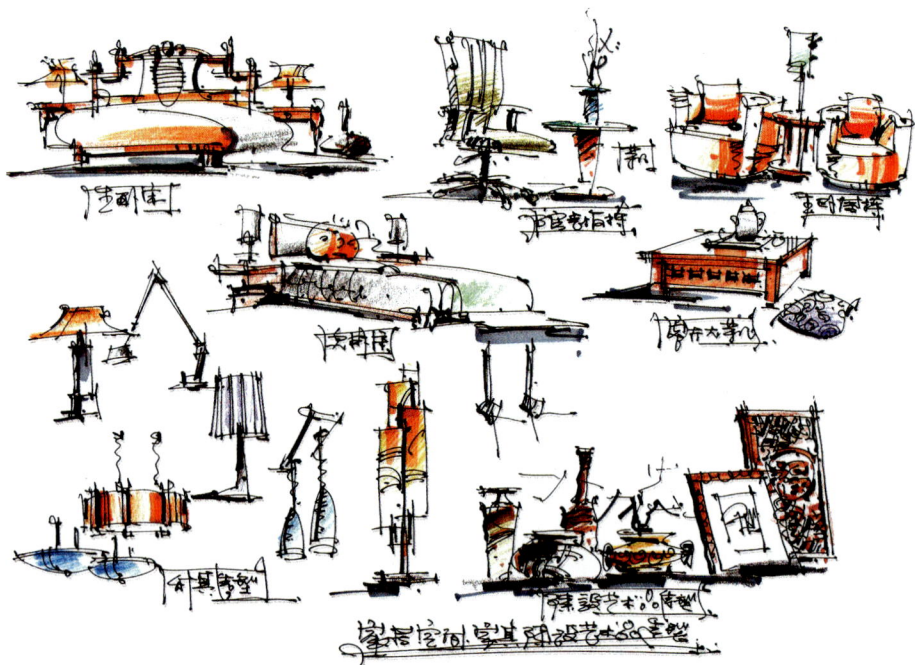

图 5-41 淡彩绘制陈设品草图，以点彩法表现，讲求概括、简练

5.3.6 表现图正图绘制阶段

1. 表现图正图绘制内容

表现图正图绘制是以透视草图为蓝本，在各方面图纸都趋于成熟绘制后而绘制的，表现图讲求造型生动、画面富于意趣，技法运用得体，能够充分表达设计意图，并得以真切感人。

2. 表现图正图绘制技巧

在方案透视正图的绘制上，应本着四个统一，即色彩运用与画面意趣统一、家具设施造

图 5-42　淡彩绘制室内单体讲求的是个体特征与整体关系的把握

型与风格协调统一、主体透视与局部物体透视辩证统一、明暗层次与表现内容优化统一。总之，一幅好的透视图解决的就是画面内容表达建立在对比与统一基础上的表现形式（图 5-43、图 5-44）。

图 5-43　女儿房草图实训

图 5-44　别墅客厅草图实训

5.4　典型室内装饰方案草图案例剖析

室内装饰设计与其他艺术设计活动有着本质的区别，在方案创意阶段需要借助草图的表现形式进行思考、探讨设计所表达内容风格、特色，或者说是理念，而一旦设计方案被认可，进入到实施阶段，也就是说施工阶段，许多的问题即便是计算机辅助设计绘制的图纸再详实，但到具体制作环节就不是那么简单的了，需要设计师进行技术交底，难点剖析，运用草图是剖析问题的有效方式。

本节以本人近年主持的悠然居会所的草图工作工程进行解读。

5.4.1　方案创意草图阶段

悠然居会所方案创意草图是就项目的总体构思展开的探讨（图 5-45 ~ 图 5-52）。

5.4.2　施工技术草图阶段

悠然居会所技术草图有助于工程运行中进行技术交底和指导施工（图 5-53）。

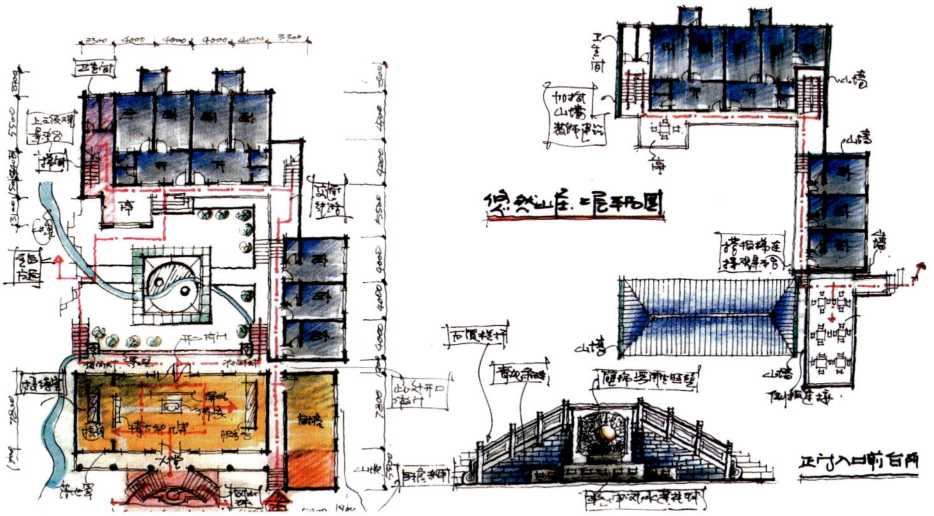

图 5-45 会所设计方案——平面草图

图 5-46 会所设计方案——大厅草图

图 5-47 会所设计方案——服务台草图

图 5-48　会所设计方案——休息区草图

图 5-49　会所设计方案——贵宾房客厅草图（一）

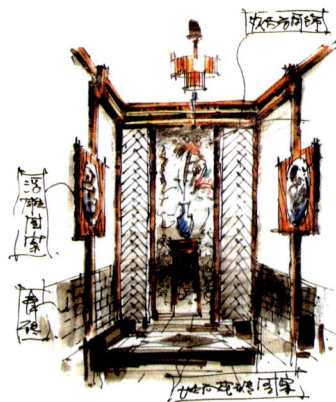

图 5-50　会所设计方案——梯间草图

图 5-51　会所设计方案——贵宾房客厅草图（二）

图 5-52　会所设计方案——走廊草图

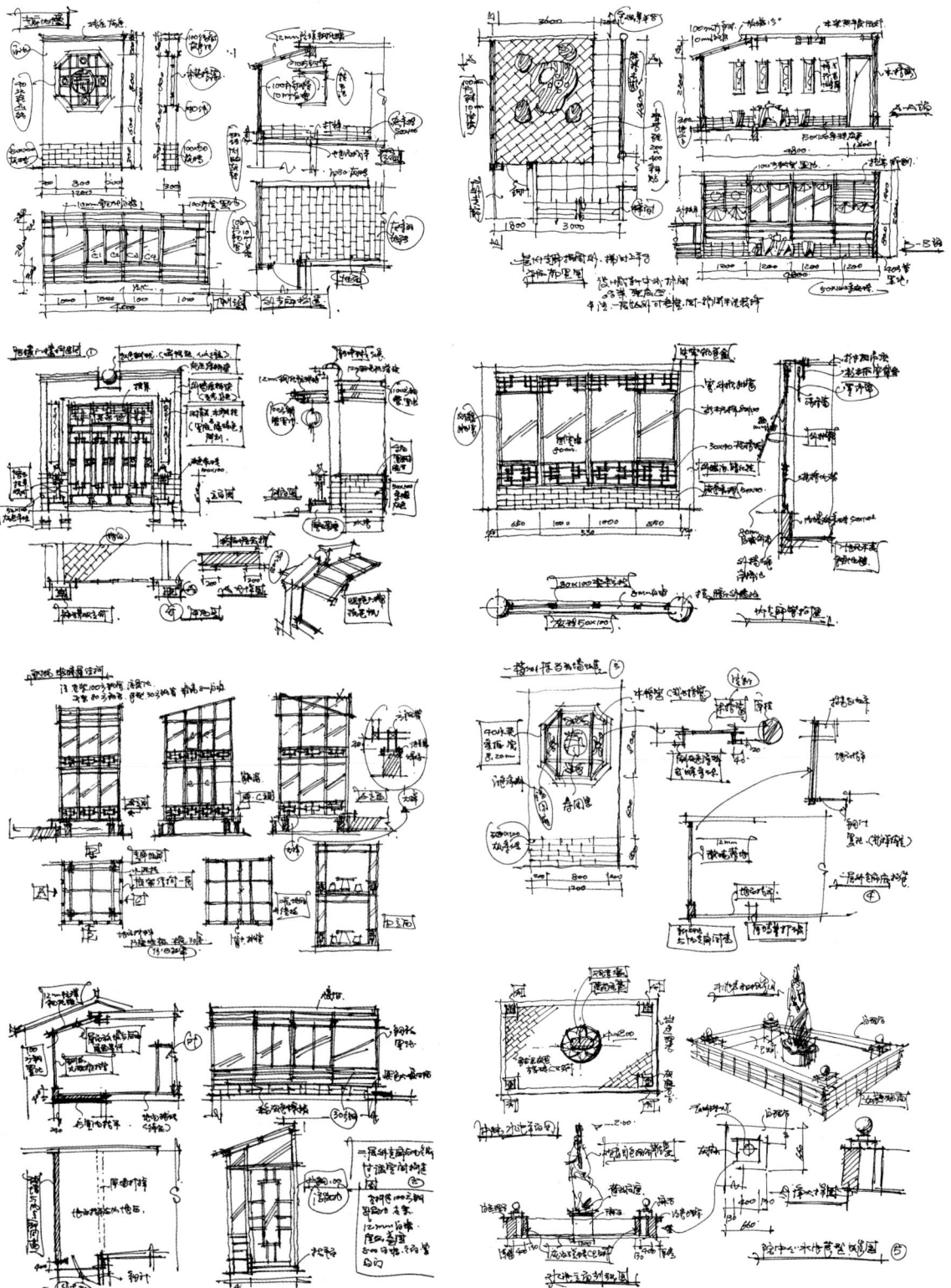

图 5-53　会所施工技术交底草图

本 章 小 结

本章以草图表现方法为模块，就草图室内方案设计、技术设计等方面的技法作了较为详实的描述，同时对方案创意草图的工作程序进行了系统地阐述，重在培养学生能够把握建筑装饰的草图绘制技术和工作方法。通过学习、实训能够做到与职业岗位无缝对接。

实 训 内 容

1. 运用草图表达的方法，练习快速绘制室内表现图、平面图、立面图和家具陈设品（图 5-54 ~ 图 5-60）。

图 5-54　家具陈设品草图实训

图 5-55　草图实训

图 5-56　客厅草图实训（马克笔）

图 5-57　起居室草图实训（彩色铅笔）

图 5-58　客厅草图实训（马克笔）

图 5-59　主卧室草图实训（马克笔＋彩色铅笔）

图 5-60　有阳台的书房草图实训（马克笔＋彩色铅笔）

2. 模拟绘制一套家装项目

草图实训项目任务书

项目名称：某家装项目方案创意与表达。

项目内容：创意方案图，包括平面图、透视草图、立面图、顶棚图和方案透视正图。

表现手法：以手绘草图形式完成，前期运用钢笔、后期运用淡彩。

成果要求：A3 复印纸绘制，文本装订成册。

考核方式：进行教学成果展评。

注：家装项目户型参考（图 5-61、图 5-62）。

3600　　3400　　3300

2100

4700

3700

2600

1500

卧室

卧室

厨房

餐厅

卫生间

4200

卧室

卫生间

客厅

4500

阳台

1500

3000　　1800　　4200

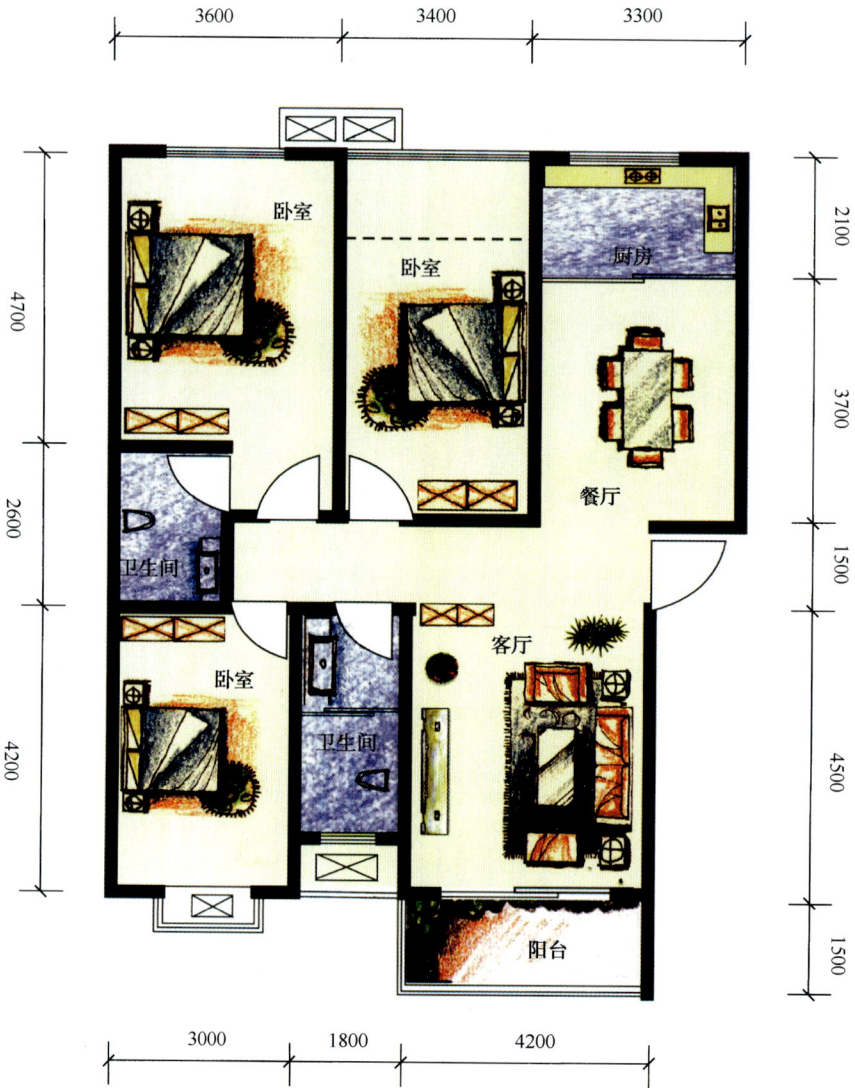

图 5-61　126m² 三室两厅两卫户型

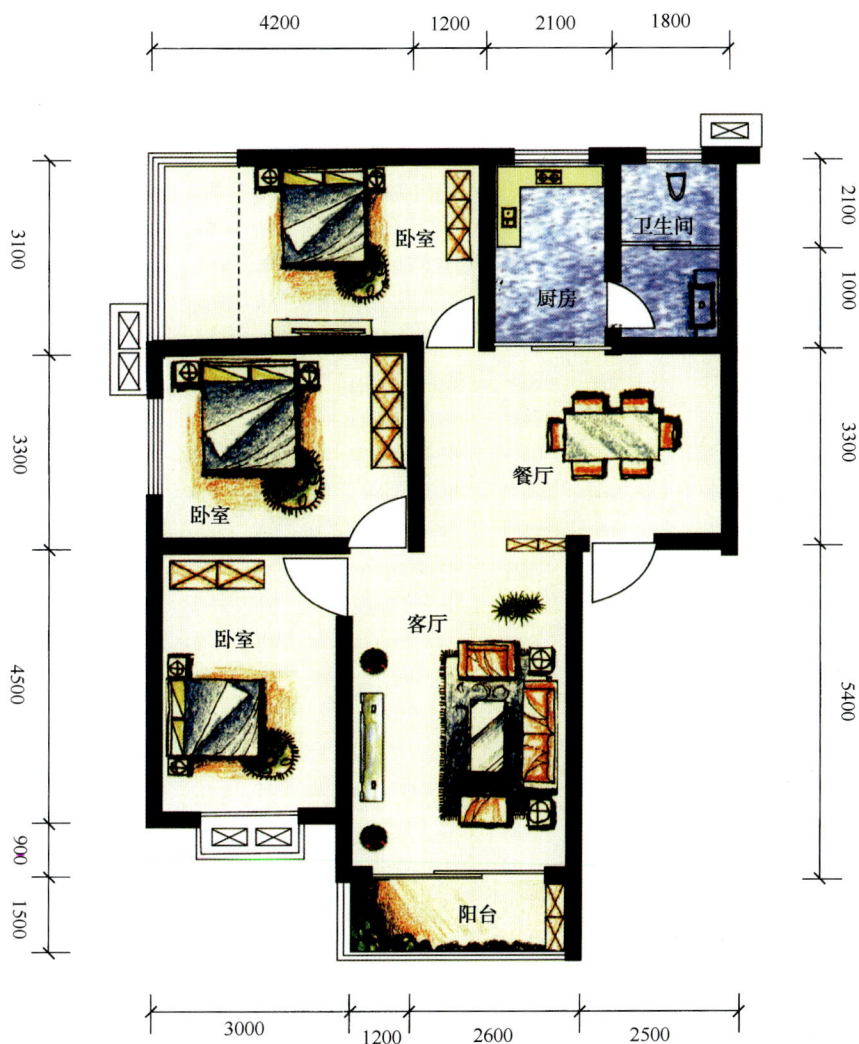

图 5-62 106m² 三室两厅一卫户型

本章教学计划安排
教学课时安排

项 目 / 课 时		表现基础训练内容	教学方法	作业要求
课内	16	方案草图实训，技术草图实训。家装方案创意与表达实训。	案例教学、项目切入、操作演示。	1. 草图绘制实训。 2. 完成一套手绘创意方案草图文本。
课外	32			
合计	48	注：本章重在训练学生对项目运行过程中草图表达能力的培养。		

教材使用调查问卷

尊敬的老师：

您好！欢迎您使用机械工业出版社出版的教材，为了进一步提高我社教材的出版质量，更好地为我国教育发展服务，欢迎您对我社的教材多提宝贵的意见和建议。敬请您留下您的联系方式，我们将向您提供周到的服务，向您赠阅我们最新出版的教学用书、电子教案及相关图书资料。

本调查问卷复印有效，请您通过以下方式返回：

邮寄：北京市西城区百万庄大街 22 号机械工业出版社建筑分社（100037）

张荣荣（收）

传真：01068994437　　（张荣荣收）　　　Email：21214777@qq.com

一、基本信息

姓名：＿＿＿＿＿＿＿＿＿　职称：＿＿＿＿＿＿＿＿＿＿＿＿　职务：＿＿＿＿＿＿＿＿＿＿

所在单位：＿＿＿＿＿＿＿＿＿＿＿＿＿＿＿＿＿＿＿＿＿＿＿＿＿＿＿＿＿＿＿＿＿＿＿

任教课程：＿＿＿＿＿＿＿＿＿＿＿＿＿＿＿＿＿＿＿＿＿＿＿＿＿＿＿＿＿＿＿＿＿＿＿

邮编：＿＿＿＿＿＿＿＿＿＿＿　地址：＿＿＿＿＿＿＿＿＿＿＿＿＿＿＿＿＿＿＿＿＿＿

电话：＿＿＿＿＿＿＿＿＿＿＿　电子邮件：＿＿＿＿＿＿＿＿＿＿＿＿＿＿＿＿＿＿＿

二、关于教材

1. 贵校开设土建类哪些专业？

□建筑工程技术　　　　□建筑装饰工程技术　　　□工程监理　　　□工程造价

□房地产经营与估价　　□物业管理　　　　　　　□市政工程

2. 您使用的教学手段：　　□传统板书　　　　□多媒体教学　　　□网络教学

3. 您认为还应开发哪些教材或教辅用书？＿＿＿＿＿＿＿＿＿＿＿＿＿＿＿＿＿＿＿＿

4. 您是否愿意参与教材编写？希望参与哪些教材的编写？

课程名称：＿＿＿＿＿＿＿＿＿＿＿＿＿＿＿＿＿＿＿＿＿＿＿＿＿＿＿＿＿＿＿＿＿

形式：　　□纸质教材　　□实训教材（习题集）　　□多媒体课件

5. 您选用教材比较看重以下哪些内容？

□作者背景　　□教材内容及形式　　□有案例教学　　□配有多媒体课件

□其他＿＿＿＿＿＿＿＿＿＿＿＿＿＿＿＿＿＿＿＿＿＿＿＿＿＿＿＿＿＿＿＿＿＿＿

三、您对本书的意见和建议（欢迎您指出本书的疏误之处）＿＿＿＿＿＿＿＿＿＿＿

＿＿＿＿＿＿＿＿＿＿＿＿＿＿＿＿＿＿＿＿＿＿＿＿＿＿＿＿＿＿＿＿＿＿＿＿＿＿＿

＿＿＿＿＿＿＿＿＿＿＿＿＿＿＿＿＿＿＿＿＿＿＿＿＿＿＿＿＿＿＿＿＿＿＿＿＿＿＿

四、您对我们的其他意见和建议＿＿＿＿＿＿＿＿＿＿＿＿＿＿＿＿＿＿＿＿＿＿＿＿

＿＿＿＿＿＿＿＿＿＿＿＿＿＿＿＿＿＿＿＿＿＿＿＿＿＿＿＿＿＿＿＿＿＿＿＿＿＿＿

＿＿＿＿＿＿＿＿＿＿＿＿＿＿＿＿＿＿＿＿＿＿＿＿＿＿＿＿＿＿＿＿＿＿＿＿＿＿＿

请与我们联系：

100037　北京百万庄大街 22 号

机械工业出版社·建筑分社　张荣荣　收

Tel：010—88379777（O），6899 4437（Fax）

E-mail：54829403@qq.com

http：//www.cmpedu.com（机械工业出版社·教材服务网）

http：//www.cmpbook.com（机械工业出版社·门户网）

http：//www.golden-book.com（中国科技金书网·机械工业出版社旗下网站）